世界は不思議に満ちている。世界は驚《おどろ》きに満ちている。世界を知ることはリアルを知ることであり、世界の本当の姿《すがた》を[illegible]こでもある。さぁ、未知の扉《とびら》をあけてみよう。

5分後に世界のリアル
摩訶不思議《まかふしぎ》！ 植物のチカラ
永山 多恵子・文

摩訶《まか》不思議《ふしぎ》！ 植物のチカラ

もくじ

キノコの不思議《ふしぎ》な世界

土の下で森をささえているのは？

秋に森の中を歩いていると、地面のしめったあたりでキノコを見かけることがある。なかには、ふだん食べているエノキタケやシメジとよく似《に》たものもあるが、おいしそうだからといって、むやみにとって食べるのは危険《きけん》だ。日本には二百種以上の毒《どく》キノコがあるといわれ、命にかかわる猛毒《もうどく》を持つものもあるからだ。

赤い傘《かさ》に白い斑点《はんてん》がついた「ベニテングタケ」は、童話でもおなじみの毒《どく》キノコ。日本ではシラカバなどの広葉樹《こうようじゅ》の林で多く見られる。食べると酒によったような気分になり、幻覚《げんかく》や吐《は》き気《け》などの中毒症状《ちゅうどくしょうじょう》を引き起こすことがある。また、同じように赤くて毒々《どくどく》しいキノコに「カエンタケ」がある。その名のとおり火炎《かえん》のような形で、赤い指がニョキニョキとはえているようでもあり、森の中ではとても目立つ。ただし、見

毒々《どくどく》しい赤い色で炎《ほのお》のような形のカエンタケ。

つけてもけっしてさわってはいけない。毒性《どくせい》が強く、さわっただけで皮膚《ひふ》が炎症《えんしょう》を起こすことがあるのだ。あやまって食べてしまうと、最悪の場合、死にいたる危険《きけん》もあるこわいキノコだ。

食べられるキノコを見分けるのはむずかしい。その土地のキノコにくわしい人といっしょでなければ、天然のキノコは見るだけにしておくべきだ。

人間にとっては毒《どく》でも、虫や動物にとっては毒《どく》にならないキノコもある。ベニテングタケを食べるニホンリスが観察されたのは長野県《ながのけん》の山中。同じリスが何日にもわたって、ベニテングタケをはじめ、毒《どく》のあるテングタケの仲間を食

形がかわいく、美しい赤い色をしているが、強い毒《どく》があるベニテングタケ。

べていたことから、ニホンリスには毒《どく》が作用しないと考えられる。リスがテングタケの毒《どく》を食べられるように進化し、そのかわりにふんをすることでキノコの胞子《ほうし》を広めているのなら、キノコとリスはおたがいに助けあっていることになる。北海道では、ベニテングタケを食べるエゾシカも観察されている。自然界では、人間にははかりしれない不思議《ふしぎ》な助けあいがおこなわれているのかもしれない。

キノコは分類上では菌類《きんるい》で、菌糸《きんし》という細い糸からできている。菌糸《きんし》は土の下にはりめぐらされ、ところどころで地上にのびて、わたしたちが目にするキノコがはえる。植物の種《たね》にあた

キノコと木の根の関係

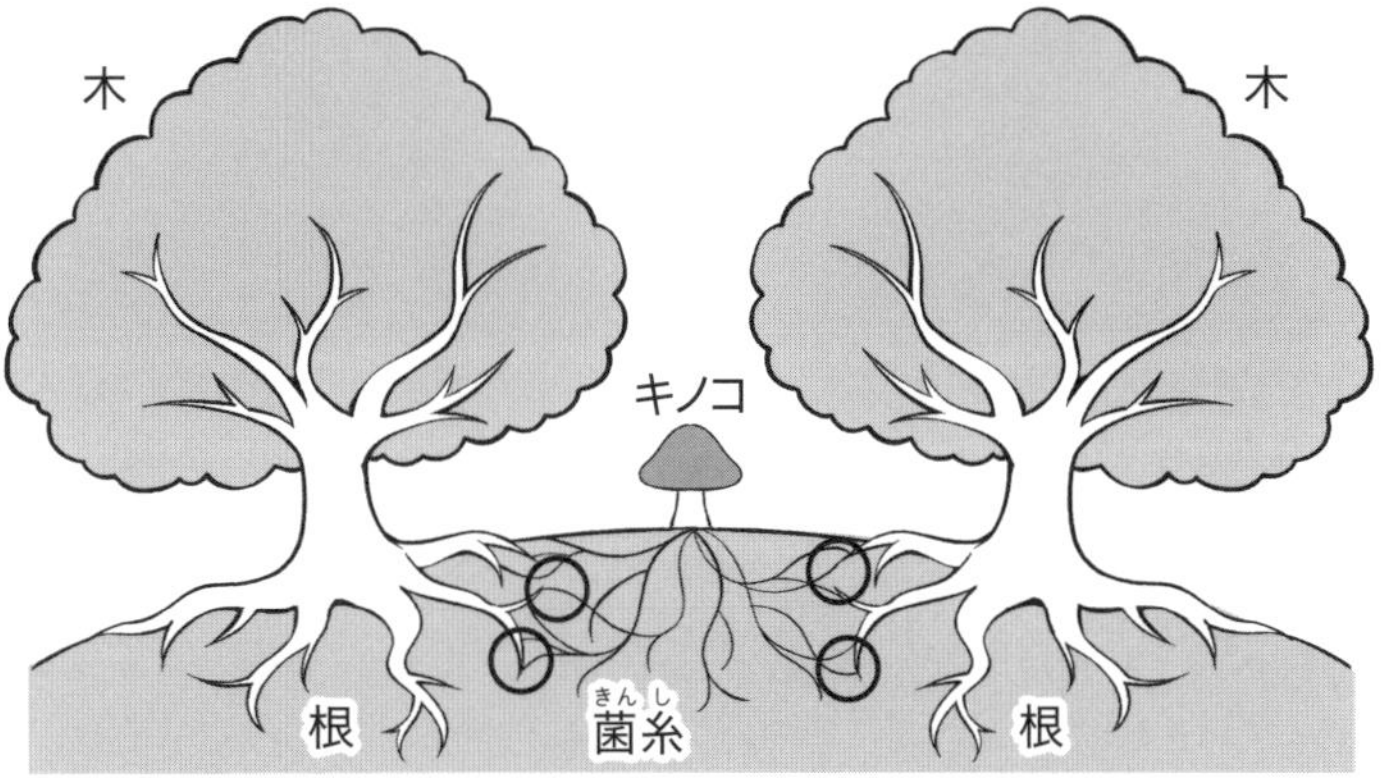

〇の部分で養分や水をやりとりして、木と木をつないでいる。

る胞子《ほうし》をつくって飛ばすためだ。地上にはえるキノコは、植物でいえば花や果実にあたる。キノコの本体は、地下で網《あみ》の目《め》のように広がっている菌糸《きんし》ということになる。そして、森が森として存在《そんざい》するために、この菌糸《きんし》が大活躍《だいかつやく》しているのだ。

キノコは、養分の取り方で二つのタイプに分けられる。ひとつは、落ち葉や倒木《とうぼく》、死んだ動物などを分解《ぶんかい》して養分にするタイプ。キノコに分解《ぶんかい》された倒木《とうぼく》などは朽《く》ちて土にかえり、森の養分となる。もし、このタイプのキノコがなければ、森はあっというまに落ち葉や倒木《とうぼく》だらけになってしまうだろう。

もうひとつのタイプは、植物と共生《きょうせい》するキノコ。土の下で菌糸《きんし》が木の根とからみあい、なんと、菌糸《きんし》と根とのあいだで養分をやりとりするのだ。これによって、木は、より多くの水や養分を得《え》ることができるという。さらに、はなれたところの木と木のあいだでも、菌糸《きんし》をつうじて養分のやりとりをおこなっているという、驚《おどろ》くべき仕組みが解明《かいめい》されつつある。普通《ふつう》なら枯《か》れそうな日かげに木が育つのは、こういった菌糸《きんし》のはたらきによるというのだ。命を終えた動物や植物を土にかえし、菌糸《きんし》のネットワークで木々《きぎ》をつなぐキノコは、森にとってなくてはならない存在《そんざい》といえる。

本来、キノコは旬《しゅん》の時期にだけ森にはえるが、シイタケやシメジなどのように人工的に栽培《さいばい》され、一年中、安く食べられるものも多い。ところが、高級食材として知られる「マツタケ」は人工栽培《さいばい》ができない。それはなぜだろうか――。

マツタケは、アカマツの根と共生《きょうせい》するタイプのキノコだ。そこで、アカマツの根にマツタケの菌《きん》を共生《きょうせい》させる研究が進められているが、なかなか成功しないという。土の中にいるさまざまな菌《きん》が影響《えいきょう》するなど、生育環境《かんきょう》が複雑《ふくざつ》なためだ。家庭で気軽にマツタケが食べられるようになるには、もうしばらく時間がかかりそうだ。
ところで、地下で菌糸《きんし》が広がることによって起こる、めずらしい現象《げんしょう》がある。同じキノコが円になってはえる「フェアリーリング」のことで、日本では「菌輪《きんりん》」とよばれている。森だけでなく、芝生《しばふ》のはえた公園や庭などでも見られる不思議《ふしぎ》な輪だ。妖精《ようせい》たち（フェアリー）が、輪（リング）になって踊《おど》ったあとだという西洋の民話から、こうよばれている。

　フェアリーリングができる仕組みはこうだ。菌《きん》糸《し》が円をえがくように放射状《ほうしゃじょう》にのびたのちに、中心部から死んでいく。すると、円周の部分にだけ菌糸《きんし》が残る。そこからキノコがはえるというわけだ。フェアリーリングをつくるキノコは約五十種あるといわれ、前で紹介《しょうかい》したベニテングタケもつ

秋になると食料品店の店頭で目にするが、山で天然のマツタケを見つけるのはむずかしい。

輪のようになってはえたキノコ。妖精《ようせい》が輪になって踊《おど》ったあとだと伝わるフェアリーリング。

くることがある。静かな森でそんな光景に出会ったら、楽しい童話の世界に迷《まよ》いこんだ気分になりそうだ。

最後に、キノコに似《に》ているが、キノコのような菌類《きんるい》ではない「粘菌《ねんきん》」を紹介《しょうかい》しよう。森や公園などのうす暗くしめった場所で、ジュースがこぼれたあとのような生物を見つけたら、それが粘菌《ねんきん》だ。どんなに広がっていても、粘菌《ねんきん》はなんと単細胞《たんさいぼう》の微生物《びせいぶつ》。ただし、ほかの単細胞《たんさいぼう》生物とはちがい、つぎつぎと姿《すがた》を変えていくのが大きな特徴《とくちょう》だ。キノコと同じく胞子《ほうし》からうまれ、エサになるバクテリアを求めてアメーバのように移動《いどう》する。やがて異《こと》なる性《せい》と合体すると、単《たん》

エサを求めて大きく広がった粘菌《ねんきん》の一種。

細胞《さいぼう》のまま巨大化《きょだいか》し、大きなものでは、たたみ三畳《じょう》くらいにもなるという。そして、生きていけなくなると、キノコのような器官をつくり、胞子《ほうし》を放出して命を終える。

粘菌《ねんきん》は植物でも動物でも菌類《きんるい》でもない、独立《どくりつ》した生き物とされる。エサを求めて移動《いどう》するのにもびっくりするが、もっとすごいのは、脳《のう》も神経《しんけい》もないのに情報処理能力《じょうほうしょりのうりょく》があること。たとえば、迷路《めいろ》の出口にエサをおくと、入り口から出口への最短ルートを見つけられるというのだ。なぜそんなことができるのだろうか……。粘菌《ねんきん》の驚《おどろ》くべき能力《のうりょく》を解明《かいめい》するために、多くの科学者が挑戦《ちょうせん》をつづけている。

食虫植物の四つのタイプ

驚《おどろ》きの仕組みで虫をとらえるキラー植物

植物と虫は、多かれ少なかれ助けあって生きている。たとえば、花は虫にたっぷり蜜《みつ》を吸《す》わせ、そのかわりに虫は花粉《かふん》をつけて飛びまわることで受粉《じゅふん》を手助けする。けれども、食べることだけに注目すると、食べる側は虫ばかりで、いつだって食べられるのは植物のほうだ。ところが、世界には、虫を食べてしまう殺《ころ》し屋《や》のようなキラー植物がいる。それが「食虫植物」だ。

食虫植物は、普通《ふつう》の植物と同じように、光合成をおこなって養分となる糖類《とうるい》をつくりだしている。ただし、湿地《しっち》などのやせた土地で育つため、生育に必要な窒素《ちっそ》やリンといった養分を土から得《え》ることがむずかしい。それをおぎなうために、虫などの小動物をとらえて消化できるように進化してきたと考えられる。

食虫植物が虫をとらえるおもな方法は、落《お》とし穴型《あながた》、とりもち型《がた》、二枚貝式《にまいがいしき》わな型《がた》、吸《す》いこみ式《しき》わな型《がた》の四つ。いずれも蜜《みつ》や特殊《とくしゅ》なにおいで虫をおびきよせ、それぞれ独《どく》特《とく》の仕組みでとらえ、消化液《しょうかえき》や酵素《こうそ》などで消化し、養分として吸収《きゅうしゅう》する。

落《お》とし穴型《あながた》の代表格《だいひょうかく》は「ウツボカズラ」だ。ボルネオ島などの東南アジアを中心に、マダガスカルやオセアニアの熱帯地域《ちいき》にも分布《ぶんぷ》している。葉からのびたつるの先に、虫をとらえる落《お》とし穴《あな》のような袋《ふくろ》を持つ。袋《ふくろ》の入り口からは蜜《みつ》が分《ぶん》泌《ぴっ》され、虫はこれを目当てにやってくる。しかし、袋《ふくろ》のふちはとてもすべりやすく、とまった虫は足をすべらせて中に落ちてしまう。はいあがって逃《に》げようとしても、すでに手遅《てお》れ。なぜな

袋《ふくろ》で虫をとらえるウツボカズラ。

ら、袋《ふくろ》の内側もつるつるしていたり、下向きに毛がはえていたりして、はいあがることができないからだ。袋《ふくろ》の中には獲物《えもの》を消化する液体《えきたい》がたまっており、飛んで逃《に》げようとしても、ねばりけのある液体《えきたい》がからみついて飛ぶことができない。そして、虫はおぼれて死に、消化・吸収《きゅうしゅう》されて養分となる。このように、ウツボカズラは二重、三重と逃《に》げられない仕組みを持つ最強の食虫植物なのだ。その袋《ふくろ》には、虫だけでなく、ネズミやカエルまで入っていることがあるそうだ。

とりもち型《がた》でよく知られるのは「モウセンゴケ」。とりもちとは、小鳥や虫をくっつけてとらえるネバネバした物質《ぶっしつ》だ。モウセンゴケも、ねばりけのある液《えき》で虫をとらえる。名前にコケとついているが、コケの仲間ではない。モウセンゴケは、北極や南極などの極地と砂漠《さばく》をのぞく世界中に分布《ぶんぷ》しており、日本でも、日あたりがよく、栄養の少ない湿地《しっち》などで見ることができる。一番の特徴《とくちょう》であり、武器《ぶき》となるのは、葉からたくさんはえている腺毛《せんもう》といわれる毛。ここからねばりけのある液体《えきたい》が出て、毛の先でキラキラと光る。しかし、粘液《ねんえき》のかがやきにひきつけられて虫がやってくると、

腺毛《せんもう》の先で光る粘液《ねんえき》が美しいモウセンゴケ。粘液《ねんえき》にくっついた虫は逃《に》げることができない。

おそろしいわなが待っている。この粘液《ねんえき》に体がふれると、くっついてはなれなくなるのだ。さらに、逃《に》げようとして虫がもがくと、その刺激《しげき》が伝わって、なんと腺毛《せんもう》が動きだして虫をおさえこんでしまう。ガラス細工《ざいく》のように美しいけれど、まるで動物のような動きをするモウセンゴケ。粘液《ねんえき》には消化液《しょうかえき》がふくまれているので、虫の体は少しずつとかされ、やがて養分として吸収《きゅうしゅう》される。

北アメリカの湿地帯《しっちたい》に分布《ぶんぷ》する「ハエトリグサ」は、二枚貝式《にまいがいしき》わな型《がた》の仕組みを持つ食虫植物。捕虫葉《ほちゅうよう》とよばれる葉を二枚貝《にまいがい》のように開き、甘《あま》い蜜《みつ》にさそわれてやってくる虫を、葉を閉《と》じ

するどいトゲのついた捕虫葉《ほちゅうよう》を開いて虫を待つハエトリグサ。捕虫葉《ほちゅうよう》の内側には感覚毛《かんかくもう》（円内）がある。

てとらえるのだ。「ハエジゴク」というおそろしい別名もあるが、ハエだけでなく、いろいろな虫が餌食《えじき》になる。

ハエトリグサは、ねらった虫を百発百中でとらえる優秀《ゆうしゅう》なハンターだといえる。開いた葉の内側には、虫の動きを感じとる六本または八本の感覚毛《かんかくもう》がついているが、虫が一度とまっただけでは反応《はんのう》しない。しかし、もう一度、虫が動いて感覚毛《かんかくもう》にふれたとたん、二枚《まい》の捕虫葉《ほちゅうよう》をすばやく閉《と》じてとらえる。一回の刺激《しげき》では、それがエサとなる虫なのか、雨やごみなどがたまたまあたっただけなのか、わからないからだ。

捕虫葉《ほちゅうよう》を閉《と》じるには大きなエネルギーを使う

虫をはさんでとらえたハエトリグサ。

ので、三～四回ほど閉《と》じると、その葉は枯《か》れてしまう。そのため、むだをなくし、エネルギーを最大限《さいだいげん》にいかす方法として、確実《かくじつ》に生き物だとわかってから葉を閉《と》じるように進化したのだ。葉の周囲《しゅうい》にはするどいトゲがはえ、はさんだ虫はけっして逃《に》がさない。とらえたあとは、ゆっくり消化液《しょうかえき》を出して虫をとかし、養分として吸収《きゅうしゅう》する。

四つめの吸《す》いこみ式《しき》わな型《がた》では、水中で育つ「タヌキモ」を紹介《しょうかい》しよう。根はなく水中にただよい、長さは一メートルを超《こ》えることもある。タヌキモもまた、生き物をとらえる驚《おどろ》くべき仕組みを持っている。茎《くき》には、葉が変形した小さい袋《ふくろ》のような捕虫《ほちゅう》葉《よう》がたくさんついていて、いつもはふたが閉《と》じている。ところが、プランクトンなどの小さい生き物がふれると一瞬《いっしゅん》でふたが内側に開き、水といっしょに吸《す》いこむのだ。その後、ふたが閉《と》じて生き物は捕虫葉《ほちゅうよう》に閉《と》じこめられ、消化・吸収《きゅうしゅう》される。タヌキモ

タヌキモの捕虫葉《ほちゅうよう》。水といっしょにプランクトンを吸《す》いこむ。

の仲間は、極地と砂漠《さばく》をのぞく世界中の湖や沼《ぬま》、湿地《しっち》に分布《ぶんぷ》しており、約五百種あるといわれる食虫植物の半分近くを占《し》めるという。しかし、タヌキモ属《ぞく》のなかでも、「フサタヌキモ」という種は日本にしか見られない固有種で、生育地が少なく、絶滅《ぜつめつ》の危機《きき》にある。

タヌキモと名前が似《に》ている「ムジナモ」は、同じように水中で育ち、根もないけれど、二枚《まい》の捕虫葉《ほちゅうよう》で虫をとらえる二枚貝式《にまいがいしき》わな型《がた》の食虫植物だ。そのため、「水中のハエトリグサ」ともいわれる。ムジナモはヨーロッパやアフリカ、オセアニア、アジアなどに分布《ぶんぷ》し、国内では植物学者の牧野富太郎《まきのとみたろう》が和名をつけたことでも知

ムジナモの捕虫葉《ほちゅうよう》。葉の先が二枚貝《にまいがい》のようになっている。

られる。ムジナとは、タヌキに似《に》たアナグマの別名。そのしっぽのようにふさふさした見た目からムジナモと名づけられた。こちらも世界的に生育地がへっている。

地球温暖化《おんだんか》や土壌《どじょう》汚染《おせん》など、食虫植物が育つ環境《かんきょう》の変化から絶滅《ぜつめつ》が心配される種も少なくない。食虫植物にはなぞが多く、知られていないことがまだまだある。植物園や湿地《しっち》、水辺などで見つけたらよく観察してみよう。

実態《じったい》を知らない植物

えっ、こんなふうにできているの!?

知っているようで、じつは実態《じったい》をよく知らない植物は少なくない。わたしたちがよく知っている野菜のなかにも、想像《そうぞう》もできないような実のつき方をするものがある。

まずは「芽《め》キャベツ（メキャベツ）」。見た目はキャベツそっくりだが、ピンポン玉くらいの大きさしかない。半分にわってみると、たくさんの葉が球状《きゅうじょう》に巻《ま》いていて、小さいのにキャベツそのもの。しかし、これはキャベツの仲間ではあるが、別の種なのだ。キャベツは茎《くき》の先端《せんたん》がひとつだけ大きく球状《きゅうじょう》になるのに対して、芽《め》キャベツは茎《くき》にそってたくさんのわき芽《め》が球状《きゅうじょう》につく。ベルギーでうまれた改良種だという。一株《かぶ》で丸い実を五十個《こ》以上つけ、ビタミンも食物繊維《しょくもつせんい》もキャベツより多い栄養満点の野菜だ。実のつき方から「子持ちキャベツ」ともいう。

茎《くき》のまわりにびっしりと実をつけた芽《め》キャベツ。

つぎは、びっくりするようなマメの話をしよう。「ラッカセイ」は英語でピーナッツというが、ナッツ（木の実）ではなく、マメ科の一年草で「落花生《らっかせい》」と書く。この字のとおり、花が地面に落ちたあと、なんと地面の中でマメがうまれる。花が終わると、たくさんの子房柄《しぼうへい》という細い器官が地面にむかってのび、やがて地中にもぐりこんで、そこでマメができるのだ。多くのマメ科の植物が地上にマメをつけるのに対して、ラッカセイは地中にマメができることから、沖縄《おきなわ》では「ジーマーミ（地豆）」とよばれる。

なぜ、わざわざ地中にもぐってマメをつけるのかというと、鳥や動物に食べられるのをふせぐためだと考えられている。ラッカセイの原産地は南アメリカで、標高が高く、雨の少ないアンデス山麓《さんろく》といわれる。厳《きび》しい気象条件《きしょうじょうけん》のもとで、子孫を確実《かくじつ》に残すために、地中でマメができるようになったのかもしれない。古代アンデス文明の遺跡《いせき》からは、紀元前《きげんぜん》四〇〇〇年ごろから紀元《きげん》一〇〇〇年ごろに育ったとされるラッカセイが、数多く出土しているそうだ。マメのさやは、子房柄《しぼうへい》をとおして栄養が送られると同時に、

ラッカセイのでき方

1

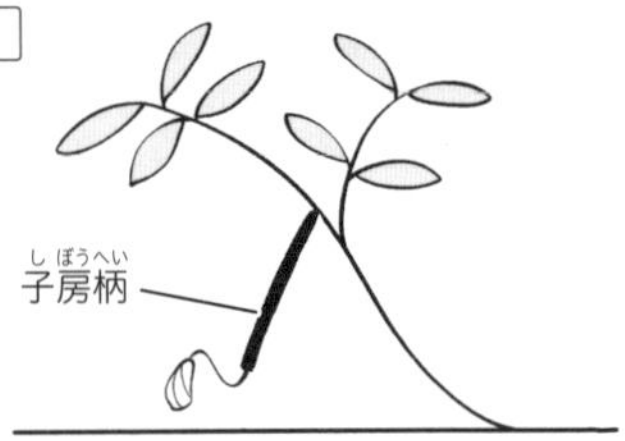

受粉後《じゅふんご》、花が落ちると、花の根元から地面にむかって子房柄《しぼうへい》がのびる。

2

子房柄《しぼうへい》はどんどんのびていき、地面にささる。

3

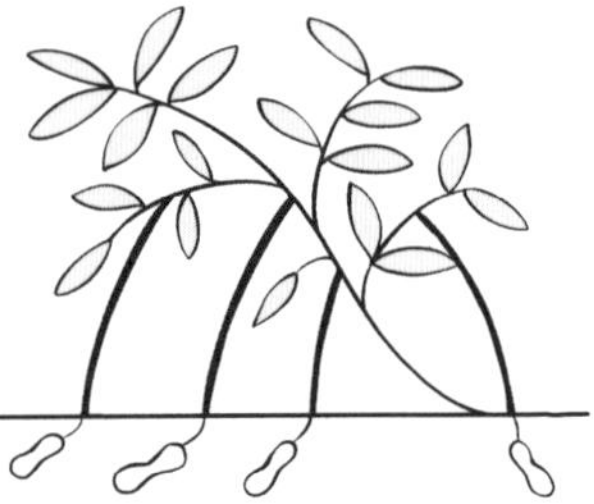

一つひとつの子房柄《しぼうへい》の先にさやができて、その中でマメが育つ。

地中から直接《ちょくせつ》、水や養分を吸収《きゅうしゅう》する能力《のうりょく》を持っているという。ゆでても炒《い》ってもおいしいラッカセイは、じつはすごい個性《こせい》の持ち主なのだ。

マメのつぎはナッツの実態《じったい》にせまってみよう。お菓子《かし》やケーキに使われる「アーモンド」は、どんなふうにできるのだろう。アーモンドの起源《きげん》は古く、地中海沿岸《えんがん》のヨルダン地方が原産地と考えられ、ギリシャ神話や聖書《せいしょ》にもたびたび登場している。ビタミンEや食物繊維《しょくもつせんい》が豊富《ほうふ》で、香ばしい味と栄養価《えいようか》の高さから、いまや世界中で愛されているナッツだ。バラ科の植物で、春にはサクラに似《に》た淡《あわ》いピンクの花を咲《さ》かせる。花が終わったあと、五センチくらいの実がつき、熟《じゅく》すと実がわれて、中からかたい種《たね》が出てくる。その種《たね》をわった中にある「仁《じん》」という部分がアーモンドだ。クルミやマカダミアナッツも同じように、実の中のかたい種《たね》に入っている仁《じん》を食べる。ちなみに、アーモンドは漢字で「扁桃《へんとう》」と書く。のどの扁桃腺《へんとうせん》は、形がアーモンドに似《に》ていることから名づけられたそうだ。

さて、「ミョウガ」という野菜を知っているだろうか。さわやかな香りが好まれ、

地面から直接《ちょくせつ》つぼみが出るミョウガ。

七～十月の旬《しゅん》の時期に、冷ややっこやそうめんなどの薬味として使われる。独特《どくとく》の香りはアルファ・ピネンという成分で、リラックス効果《こうか》があるという。三世紀《せいき》に書かれた中国の歴史書《れきししょ》『魏志倭人伝《ぎしわじんでん》』にも出てくるほど、日本では古くから各地に自生している。原産地はアジア東部で、中国や韓国《かんこく》、台湾《たいわん》にもあるが、野菜として栽培《さいばい》しているのは日本だけだとか。

では、わたしたちが食べているのはどの部分だろう。ミョウガはショウガ科の多年草。地上に茎《くき》と葉が出ているが、地下茎《ちかけい》でつながっており、そこから地面に直接《ちょくせつ》つぼみが出てくる。食用になるのは、ピンクがかった色をした、この

ズッキーニは親づるから放射状《ほうしゃじょう》に葉柄《ようへい》と葉がのびる。花から実ができ、成長するにしたがって放射状《ほうしゃじょう》にのびていく。

つぼみの部分で、花のつぼみと、それを包む苞《ほう》葉《よう》からなっている。収穫《しゅうかく》せずにいると、やがて苞葉《ほうよう》の中からクリーム色のきれいな花が咲《さ》く。野山のしめったところにまとまって自生しているので、葉がしげっているのを見つけたら、その下をのぞいてみよう。ミョウガが地面から顔をのぞかせているかもしれない。

つぎに紹介《しょうかい》するのは、キュウリのような見た目で、味はナスに似《に》ている野菜「ズッキーニ」。ウリ科の一年草で、つるなしカボチャという別名がある。原産地は北アメリカ南部やメキシコ北部といわれているが、現在《げんざい》のような細長い品種は十九世紀《せいき》後半にイタリアでうまれた。イタリア料理ではおなじみの食材で、実だけでなく、花も食べられる。緑色や黄色の細長い実は、キュウリのようにぶら下がってついているのではない。

ズッキーニはカボチャの仲間だが、太い親づるだけが少しずつのびる。そこから放射状《ほうしゃじょう》に葉柄《ようへい》（前ページ写真参照）がのびて葉をつけ、広げた葉の直径は一メートル近くになる。花もまた中心の親づるにつくので、雌花《めばな》が受粉《じゅふん》すると、実は親づるから横へむかって大きくなる。茎《くき》を何本ものばし、あちこちに実がぶら下がるキュウリとはまるでちがうのだ。

つぎは、食べ物ではないが、意外な実り方をする植物を紹介《しょうかい》しよう。毛糸（ウール）はヒツジの毛からできるが、綿《めん》（コットン）は何からできているか知っているだろうか。じつは、「ワタ」という植物の種《たね》を包んでいるのが綿《めん》だ。花が咲《さ》いて果実ができ、その果実がはじけると、なかから綿花《めんか》とよばれるふわふわの毛があらわれる。これが綿《めん》のもとで、ふとんの中身や布《ぬの》の素材《そざい》となる。

ワタはアオイ科の多年草または一年草。原産地はアフリカのエチオピア南部やメキ

ワタの花（右）と、果実がわれて見えてきた綿花《めんか》（左）。

シコといわれ、世界中の熱帯や亜熱帯地域《あねったいちいき》で栽培《さいばい》されている。なぜ、ワタの種《たね》がふわふわの毛におおわれているかというと、川や海に落ちたとき、種《たね》が水中にしずむことなく、流されて分布域《ぶんぷいき》を広げるためではないかと考えられている。わたしたちのくらしに欠かせない綿花《めんか》には、はるばる遠くまでワタの命をつないでいく大切な役目があるのだ。

最後は、食卓《しょくたく》でおなじみの野菜から「アスパラガス」を紹介《しょうかい》しよう。キジカクシ科の多年草で、南ヨーロッパからウクライナ地方が原産地だという。古代ギリシャ時代から栽培《さいばい》がはじまり、その後、ヨーロッパ中に広まった。日本で

アスパラガスは地面からニョキニョキはえる。左は、茎《くき》と葉がのびきったアスパラガス。

も北海道をはじめ各地で栽培《さいばい》されている。棒《ぼう》のようにまっすぐで、ややかたい穂先《ほさき》がついているあれは、どの部分だろうか……。

　わたしたちが食べているアスパラガスは、葉がのびる前の茎《くき》と芽《め》だ。地面から直接《ちょくせつ》、ニョキッとはえる姿《すがた》は、野原にはえるツクシや、水族館で人気のチンアナゴのようでもある。アスパラガスはミョウガのように地下茎《ちかけい》で育つので、種《たね》をまかなくても、毎年、春にはまたニョキニョキはえてくる。ただし、それには、夏から冬にかけて、地下茎《ちかけい》にたっぷり養分をためておかなくてはならない。そのために、農家ではすべてを収穫《しゅうかく》することはせず、あえて何本か残しておく。地面から出てきたアスパラガスをそのままにしておくと、どんどんのびて穂《ほ》先《さき》が開き、夏には細い茎《くき》と葉がふわふわに広がって、二メートルくらいの高さになる。この状態《じょうたい》で光合成をし、翌年《よくとし》のためにたっぷり養分をたくわえるのだ。ふだん食べているアスパラガスと、茎《くき》と葉がのびきったアスパラガスを見れば、とても同じ植物とは思えない。

ちなみに、若《わか》い芽《め》に土をかぶせるなどして日光にあてずに栽培《さいばい》すると、白いホワイトアスパラになる。日本では缶詰《かんづめ》として売られることが多いが、ヨーロッパでは生《なま》のホワイトアスパラが、初夏をつげる野菜として親しまれている。

見た目のおもしろい植物

想《そう》像《ぞう》をはるかに超《こ》えたビジュアル系《けい》

世界には、見たこともないような姿《すがた》の植物がある。なぜ、そんなふうになったのか、理由がわかっているものもあるが、そうでないものも多い。なぞがいっぱいのビジュアル系《けい》ともいえる植物の不思議《ふしぎ》にせまってみよう。

まずは個性《こせい》派《は》ぞろいのランの仲間から。

「モンキーオーキッド」は「サルのラン」という意味で、その名のとおりサルの顔に似《に》た花が咲《さ》く。三角形に開いた花びらのようなものはがくで、その中心にある小さい花びらのもようがサルの顔にそっくりなのだ。いろいろな種類があり、どれもサルに見えるから驚《おどろ》きだ。このランはドラクラ属《ぞく》というグループに属《ぞく》している。最初に発見した学者が、血を吸《す》うコウモリのようだと思ったことから、「吸血《きゅうけつ》鬼《き》ドラキュラ」に

サルそっくりのモンキーオーキッドの仲間。

ちなんで属名《ぞくめい》をつけた。とはいえ、やっぱりサルにしか見えない。南米のエクアドルからコロンビアにかけて、標高千七百～二千六百メートルの霧《きり》の多い原生林で、樹木《じゅもく》に根をからませて育つ着生《ちゃくせい》ランだ。

「フライングダックオーキッド」は「空飛ぶアヒルのラン」という意味。頭やくちばし、羽や体まで、まさにアヒルが飛んでいるようだ。アヒルに見えるが、メスのハチを擬態《ぎたい》していると考える人もいるらしい。擬態《ぎたい》とは、敵《てき》に見つからないようにするため、または子孫を残すために、ほかの生き物や植物に見せかけること。ハチに擬態《ぎたい》しているのはアヒルの頭の部分だ。オ

アヒルが飛んでいるように見えるフライングダックオーキッド。

スのハチがメスとかんちがいしてここにだきつくと、いきおいよくまがって花粉《かふん》が体につくという仕組み。花粉《かふん》をつけたオスのハチは、ほかの花でもだまされて同じことをおこなうので、効率《こうりつ》よく受粉《じゅふん》ができるのだ。

フライングダックオーキッドが育つオーストラリア南西部では、同じようにハチに擬態《ぎたい》しているような「ハンマーオーキッド」も見られる。このランも、メスに似《に》た部分にオスがだきつくと、ハンマーがふりあげられるように動き、オスの体に花粉《かふん》がつく。乾燥《かんそう》して山火事の多い自然環境《かんきょう》で子孫を残すための、驚《おどろ》くべき生存戦略《せいぞんせんりゃく》だ。

つぎは国内の野草に目をむけてみよう。

「マムシグサ」は、そのものズバリ、毒《どく》ヘビのマムシにそっくりだ。春、しめった林の中に、ヘビが鎌首《かまくび》をもたげたようにはえている。ヘビの頭にあたるのは「仏炎苞《ぶつえんほう》」

白いもちがのっているようなユキモチソウ。

マムシグサはマムシが鎌首《かまくび》をもたげているように見える。円内は果実。

とよばれる部分で、紫色《むらさきいろ》と緑色の二種類がある。さらに、茎《くき》にはマムシに似《に》たまだらもようまでついている。日本と北東アジア原産のサトイモ科テンナンショウ属《ぞく》。あざやかな赤色の果実ができるが、植物の全体に毒《どく》があるので、山で見かけても絶対《ぜったい》にふれてはいけない。

同じサトイモ科テンナンショウ属《ぞく》の「ユキモチソウ」は、生存《せいぞん》があやぶまれる絶滅危惧種《ぜつめつきぐしゅ》。毒々《どくどく》しいマムシグサとは異《こと》なり、花の中心にふっくらした白いもちがのっているように見える。ただし、こちらも猛毒《もうどく》なので要注意だ。

さて、きれいな花を咲《さ》かせたあとで、ドクロに変身する植物を紹介《しょうかい》しよう。地中海沿岸《えんがん》でう

ドクロの中にはキンギョソウの種《たね》が入っている。

まれた「キンギョソウ」だ。花がキンギョのように見えることからこの名がついた。赤や黄、ピンク、オレンジなど、色とりどりの花を咲《さ》かせ、世界の温帯地域《ちいき》で広く栽培《さいばい》されている。花が咲《さ》くと、そのあとで、さやの中に種《たね》ができる。やがて種《たね》を放出するため、さやには三つの穴《あな》があく。それを逆《さか》さまにすると、ドクロの目と口に見えるのだ。花はひとつの茎《くき》にたくさんつくので、花の数だけドクロができる。茎《くき》にいっぱいドクロがついていると、可《か》憐《れん》な花からは想像《そうぞう》もできない不気味《ぶきみ》さだ。

アフリカ南西部に位置するナミブ砂漠《さばく》に、大きな葉がのたくったように見える植物がある。そこは約八千万年前にできた世界最古の砂漠《さばく》で、のたくっている植物の名は「ウェルウィッチア」。一生のあいだにたった二枚《まい》の葉しかつけず、その葉を少しずつのばしながら千五百年以上も生きつづけるという不思議《ふしぎ》な植物だ。雨のほとんど降《ふ》らない乾燥《かんそう》しきった砂漠《さばく》で、いったいどうやって生きているのだろう。
ナミブ砂漠《さばく》は大西洋に面しており、二、三日に一度、海から霧《きり》が流れてくる。その霧《きり》を長い葉で受けとめて吸収《きゅうしゅう》するほか、長い根をのばして地下から水分を得《え》ていると考えられる。大きいものでは葉が二、三メートルにもなり、葉先から少しずつ枯《か》れていく。同類の種がほかに存在《そんざい》しない一科一属《ぞく》一種の植物で、あまりにもめずらしい生態《せいたい》から、和名は「キソウテンガイ」。漢字で「奇想天外《きそうてんがい》」と書く。

これでも葉の数は2枚《まい》だけ。ナミブ砂漠《さばく》だけに自生するウェルウィッチア。

最後は、上下が逆《ぎゃく》になったような不思議《ふしぎ》な木、「バオバブ」を紹介《しょうかい》しよう。原産地は北部をのぞくアフリカ全土で、乾燥《かんそう》と高温に強く、サン・テグジュペリの童話『星の王子さま』に出てくる木としても知られる。アフリカの内陸部

上下逆《さか》さまになったようなバオバブの木。

に一種、マダガスカル島には六種のバオバブが自生し、インドとオーストラリアにも分布《ぶんぷ》。世界でも巨大《きょだい》で長生きする木のひとつで、高さは三十メートル、幹《みき》の直径は五メートルにもなる。年輪がないので確認《かくにん》することはできないが、数百年から数千年は生きるという。一番の特徴《とくちょう》はその形にある。太い幹《みき》には上のほうまで枝《えだ》がなく、もっとも上についた細い枝《えだ》がまるで根のように見える。「神々《かみがみ》が逆《さか》さまに植えた木」という伝説があるのはそのためだ。

この木は、白い花から果実、種《たね》、葉までが貴重《きちょう》な食用となり、樹皮《じゅひ》は家の壁《かべ》など、幹《みき》は器や燃料《ねんりょう》にと、まるごとアフリカの人々《ひとびと》によって利用されてきた。また、幹《みき》の中には大量の水分をたくわえることができるため、雨の降《ふ》らない乾季《かんき》には、ゾウなどの動物がかじることもあるらしい。雄大《ゆうだい》なアフリカを象徴《しょうちょう》するバオバブは、人にとっても動物にとっても恵《めぐ》みの木なのだ。

世界で一番の木

地球上でもっともビッグな生き物

植物のなかで一番長生きするのは樹木《じゅもく》だ。長く生きるほど、より高くのび、より大きく枝《えだ》をのばし、わたしたちが想像《そうぞう》もできないほどのスケールで育っていく。そんなビッグな木にまつわる話を紹介《しょうかい》しよう。

世界で一番背《せ》の高い木は、アメリカのカリフォルニア州北部にあるレッドウッド国立・州立公園の森にそびえている。二〇〇六年に発見され、古代ギリシャ神話に登場する太陽神にちなんで「ハイペリオン」と名づけられた。高さは約百十六メートル。ただし、下から見ようとしても、途中《とちゅう》の枝《えだ》にじゃまされて高さの半分も見えない。それでも、この木を見たり登ったりしようとして観光客がおしよせたことで、周辺にご

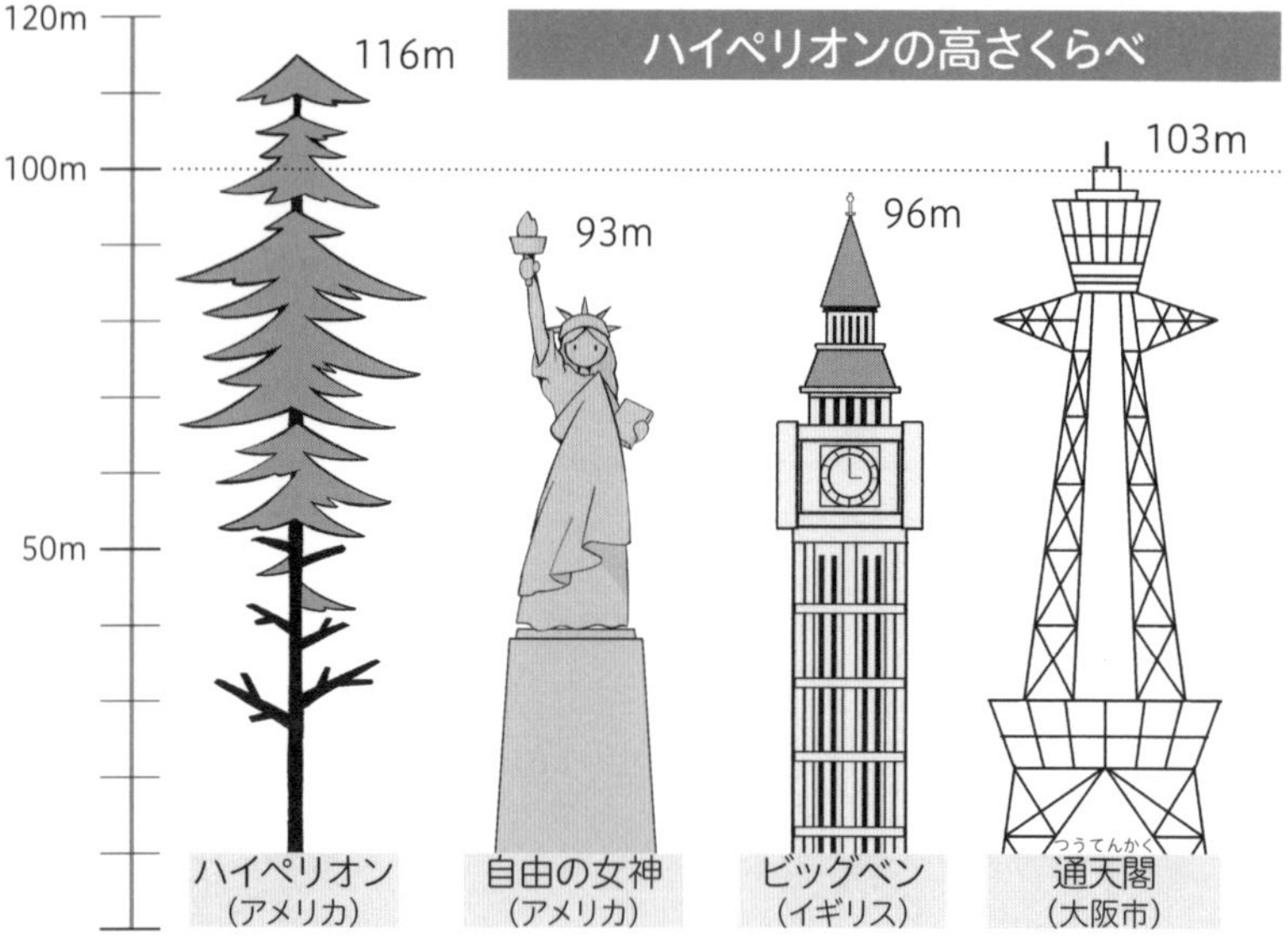

みがたまり、下草や低木が踏《ふ》み荒《あ》らされてしまった。そこで二〇二二年に、ハイペリオンから約二・六平方キロ以内に入ることが禁《きん》じられた。違反《いはん》した者には罰金《ばっきん》と禁固刑《きんこけい》が科されるという。そもそも、この木のある場所は公開されていないので、普通《ふつう》の人は近づくこともできないはずなのだが……。

ハイペリオンは、アメリカの太平洋岸に自生するヒノキ科のセコイアメスギだ。この種のセコイアは地球上でもっとも高くなる木で、八十メートルを超《こ》えるものも少なくない。平均的《へいきんてき》な樹齢《じゅれい》は六百〜千三百年と考えられる。ハイペリオンの樹齢《じゅれい》は六百〜八百年なので、まだまだのびる可能性《かのうせい》がある。

ちなみに、どうやって高さを測《はか》ったかというと、実際《じっさい》に人間がメジャーを持ってのぼったのだという。ハイペリオンはアメリカの自由の女神より高く、ビルの四十階くらいあるので、測《はか》った人にとってはきっと大冒険《だいぼうけん》だったことだろう。

セコイアメスギの英名はレッドウッドで「赤い木」という意味。その名のとおり、木の皮は赤っぽく、タンニンをふくんでいるため、病原菌《びょうげんきん》やシロアリに強い。皮の厚《あつ》さは三十センチにもなり、おかげで山火事が起きても燃《も》えつきずに残ってきたという。じょうぶで火にも強いセコイアメスギは、過去《かこ》には良質《りょうしつ》な木材として大量に伐採《ばっさい》されてしまったことがある。しかし、今では保護《ほご》が進み、一九八〇年にはレッドウッド国立・州立公園が世界遺産《いさん》に登録され、かつてのゆたかな森にもどすために地道な植林作業がつづけられている。

同じセコイアの仲間でも、ジャイアントセコイアといわれるのがヒノキ科のセコイアオスギ。カリフォルニア州にあるセコイア国立公園には、世界でもっとも体積の大

堂々《どうどう》とそびえるジャイアントセコイアの「シャーマン将軍《しょうぐん》の木」。

きい木がある。「シャーマン将軍《しょうぐん》の木」という名のセコイアオスギで、幹《みき》の体積は千四百八十七立方メートル、幹《みき》まわり三十三メートル、高さは八十四メートル。南北戦争における北軍の指《し》導者《どうしゃ》、ウィリアム・シャーマンにちなんで名づけられたという。樹齢《じゅれい》はおよそ二千二百年で、今も成長をつづけているそうだ。

二〇〇六年にこの木の一番大きい枝《えだ》が折れてしまったが、その枝《えだ》の直径はなんと二メートル、長さは三十メートルという、とんでもないスケールだった。シャーマン将《しょう》軍《ぐん》の木は、地球上でもっとも大きい生き物といえる。

さて、つぎは木の太さに注目してみよう。メキシコ南部、オアハカ州の高地に育つ

世界一太いモンテズマヌマスギの「トゥーレの木」。

のはヒノキ科のモンテズマヌマスギ。「ヌマスギ」というだけあって沼地《ぬまち》や湿地《しっち》にはえるため、地元の言葉でアウェウェテ（水の老人）とよばれている。なかでも、世界一の太さを誇《ほこ》るのが、根元の幹《みき》まわりが五十八メートル近くもある巨木《きょぼく》だ。樹齢《じゅれい》は約二千年。トゥーレ村にあるので「トゥーレの木」とよばれている。

　地元の人たちに愛されているトゥーレの木だが、一度、枯《か》れかけたことがある。木のまわりに町ができていったため、生育に必要な地下水がたりなくなったのだ。そこで人々《ひとびと》は、地下水を分断《ぶんだん》していた道路を木から遠ざけてつくりなおし、まわりに柵《さく》をつくって観光客が近づけないようにした。そのかいあって、トゥーレの木は少しずつ元気を回復《かいふく》しているという。

二千年もの長い時間をかけて育ってきた木も、環境《かんきょう》の変化で簡単《かんたん》に枯《か》れてしまうことがある。かけがえのない自然をこわすのも人間、守るのも人間なのだ。トゥーレの木のほかにも巨木《きょぼく》の多いモンテズマヌマスギは、メキシコの国の木とされている。

ハイペリオンやシャーマン将軍《しょうぐん》の木、トゥーレの木は、気が遠くなるほど長い時間を生きてきた。ところが、これらをはるかに超《こ》える長生きの木が見られる場所がある。アメリカのカリフォルニア州、インヨー国立森林公園にある山、ホワイトマウンテン（標高四千三百四十二メートル）だ。この山の標高二千～三千メートルに広がる森には、樹齢《じゅれい》四千年以上のマツ科のブリッスルコーンパインが十数本も生きている。なかでも「メトセラ」と名づけられた木は、樹齢《じゅれい》が四千八百年というからすごい。やはり観光客から守るため、どこにあるかは公開されていない。

ホワイトマウンテン周辺のブリッスルコーンパインの「メトセラ」。枯《か》れているように見えるが、これでも生きている。

四千年前といえば、日本はまだ縄文《じょうもん》時代の中期。メトセラをはじめとするブリッスルコーンパインは、なぜこんなに長く生きられるのだろう。そのわけは、厳《きび》しい環境《かんきょう》とそれに対応《たいおう》した成長のしかたにある。この地は岩が多くて、地中に養分が少ない。さらに、強風が吹《ふ》き荒《あ》れ、強い紫外線《しがいせん》や乾燥《かんそう》、冬の寒さなど、過酷《かこく》な自然環境《かんきょう》となっている。だから、ほかの生物がなかなか生きられないうえに、木の成長が遅《おそ》くて幹《みき》がかたいため、虫などが入りこむこともできない。また、高地で酸素《さんそ》が少ないので、山火事が起こりにくく、起こっても、木と木がはなれているから火が広がらない。そして、一部の根や

屋久島《やくしま》（鹿児島県《かごしまけん》）の縄文杉《じょうもんすぎ》。樹齢《じゅれい》については諸説《しょせつ》あり、2000～7200年と推定《すいてい》されている。

枝《えだ》が枯《か》れても、木自体は死なないという特性《とくせい》も大きい。

縄文杉《じょうもんすぎ》をはじめ、長生きで知られる日本の屋《や》久杉《くすぎ》も、栄養の少ない花崗岩《かこうがん》の山地で育ったため、成長がとても遅《おそ》い。その結果、木の質《しつ》がかたくしまってくさりにくくなり、長生きすると考えられている。屋久杉《やくすぎ》もブリッスルコーンパインも、過酷《かこく》な環境《かんきょう》を生《い》き抜《ぬ》くために、ゆっくり成長することで、何千年もの樹齢《じゅれい》をかさねてこられたのだ。

めったに咲《さ》かない花

長〜く生きて、最後に花を咲《さ》かせる

植物の多くは、子孫を残すために花を咲《さ》かせる。花の色や形、においなどで虫をさそって蜜《みつ》を吸《す》わせるかわりに、おしべの花粉《かふん》をめしべに運んでもらうのだ。開花はたいてい一年に一度だが、なかには数十年に一度、あるいは百年に一度しか咲《さ》かないものもある。わたしたちとは時間のスケールがちがう植物を紹介《しょうかい》しよう。

数十年に一度、花を咲《さ》かせるのが「リュウゼツラン」だ。名前に「ラン」とついているが、ランの仲間ではなくて、サボテンと同じ多肉植物。メキシコなど、中南米の熱帯地域《ちいき》に約三百種の仲間がいる。株《かぶ》が成熟《せいじゅく》すると、つぼみのついた茎《くき》を数メートルものばして黄色い花を咲《さ》かせる。たまにしか咲《さ》かず、開花のしかたもめずらしいので、

リュウゼツランは、茎《くき》を数メートルのばして、その先に花をつける。

開花したときには、日本でもニュースになることがある。ただし、リュウゼツランは生態系《せいたいけい》を乱《みだ》すおそれがある植物として、重点対策《たいさく》外来種に指定されているそうだ。

　開花までの年数は株《かぶ》や環境《かんきょう》によって異《こと》なり、花は一生に一度しか咲《さ》かない。そして、花の時期が終わると、実と小さい芽《め》をいくつかつけて枯《か》れてしまう。アガベというリュウゼツランの仲間は、メキシコでテキーラというアルコール飲料の原料となることで知られ、血糖《けっとう》値《ち》の上昇《じょうしょう》をおさえるアガベシロップなど、スーパーフードとしても注目されている。

やはり一生に一度しか花をつけないのが、パイナップル科の「プヤ・ライモンディ」。南米のペルーとボリビアにまたがるアンデス山脈《さんみゃく》の、標高四千～四千五百メートル地帯にだけ自生する植物だ。この特殊《とくしゅ》な高山植物を世界に知らせた研究者、アントニオ・ライモンディにちなんで名づけられた。開花はなんと七十～百年に一度だけで、一生のほとんどを葉だけですごす。かたい葉には、カエシのついたおそろしいトゲがついていて、幅《はば》と高さはともに四メートル以上もの球状《きゅうじょう》に広がる。ヒツジなどの家畜《かちく》がこ

長くのばした茎《くき》にびっしりと花が咲《さ》くプヤ・ライモンディ。

のトゲにからまると、はなれることができずに死んでしまうという。そして、長い寿命《じゅみょう》が終わるころになると、その葉の中から、とつぜん茎《くき》がのびはじめ、茎《くき》の周囲《しゅうい》にびっしりと花をつける。茎《くき》の長さは地表から十メートル以上にもなるという。花の中には甘《あま》い蜜《みつ》がたっぷりあり、それを目当てに、小さいハチドリの仲間などがやってくる。鳥たちのふんも、過酷《かこく》な自然環境《かんきょう》にいるプヤ・ライモンディの大切な肥料《ひりょう》となっている。ひとつの花茎《かけい》に約三十万~四十万個《こ》もの種《たね》をつけて、二か月ほどで花が枯《か》れると、株《かぶ》の一生は終わる。種《たね》は自然に落ちるほか、風に乗って遠くまで運ばれていく。

百年(一世紀《せいき》)も生きつづけ、百年目に一度だけ花を咲《さ》かせて死ぬことからセンチュリー・プラント(世紀《せいき》の植物)といい、別名「アンデスの女王」ともよばれて親しまれている。しかし、生育地がへっているため、絶滅危惧種《ぜつめつきぐしゅ》に指定されている。

マダケやスズタケ、ハチクなどのタケやササの仲間「タケササ類」は、地下茎《ちかけい》でつながりながら子孫をふやしていく。そうやってふえたものは、同じ遺伝子《いでんし》を持つクローンであるため、「クローナル植物」とよばれる。はなれた場所に育っていても、

めったに咲《さ》かないタケの花。

日光や水がたりなくても、地下茎《ちかけい》をつうじておたがいの養分をおぎない、助けあいながら分布域《ぶんぷいき》を広げているのがタケササ類の特徴《とくちょう》だ。

ふだんは地下茎《ちかけい》でふえるタケササ類も、数十年～百数十年と生きつづけた最後に、一度だけ開花する。それも、遠くはなれた場所にはえているものまで、しめしあわせたかのようにいっせいに花を咲《さ》かせるというから不思議《ふしぎ》だ。花が終わると、またいっせいに枯《か》れてしまう。そして、種《たね》をつけたものは翌年《よくとし》に芽吹《めぶ》き、種《たね》をつけないものは地下《ちか》茎《けい》からタケノコがはえて世代交代をする。

　百二十年に一度しか開花しないといわれる「マダケ」が、日本全国で開花したのは一九五〇～一九六〇年のころ。日本では当時、タケでザルなどの生活道具をつくっていたが、開花したあと、いっせいに枯《か》れたため、道具の材料となるタケがたりなくなった。その結果、プラスチック製品《せいひん》が広く使われるようになったといわれる。タケのいっせい開花の影響《えいきょう》を象徴《しょうちょう》するようなできごとだ。つぎにマダケが開花すると予測《よそく》されるのは二〇七〇〜二〇八〇年ごろのようだ。近くにマダケがあれば、気をつけて観察してみたい。

開花周期が長いため、タケササ類の観察は簡単《かんたん》ではない。それでも、二〇〇七年にインド北東部のミゾラム州で、三万五千平方キロにわたってはえていたメロカンナというタケが、いっせいに開花したのちに枯《か》れて、落ちた種《たね》の発芽《はつが》まで観察された。このタケの開花周期が四十八年とわかっていたため、開花年が予測《よそく》でき、幸運にも世代交代するようすを観察できたということだ。タケササ類のなぞはまだまだ多く、過去《かこ》の文献《ぶんけん》を探《さが》すなど、今もさまざまな角度から研究がつづけられている。

「ショクダイオオコンニャク」は、インドネシアのスマトラ島のかぎられた場所に生育するサトイモ科の植物だ。いつもは巨大《きょだい》な葉を一枚《まい》だけ地上に出して、光合成をし

ショクダイオオコンニャク（東京都調布市《ちょうふし》の神代《じんだい》植物公園）。根元から長くのびているのが花序《かじょ》。

て地下のイモに養分をたくわえている。そして、何年かしてイモに十分に養分がたまると、とつぜん、花などが集まってできた「花序《かじょ》」がのびはじめる。花が咲《さ》くのは数年から十数年に一度。遠くにいる虫にもわかるように、くさった魚のような強烈《きょうれつ》なにおいをただよわせる。花びらのように見えるのは「仏炎苞《ぶつえんほう》」で、直径約一メートル、高さ二メートルと世界最大級の大きさだ。花は二日目には枯《か》れはじめ、たくさんの実をつけて一生を終える。

最後に、「三千年に一度咲《さ》く」といわれた花の話をしよう。草の茎《くき》や木の枝《えだ》などに細い糸のよう

うどんげの花と信じられていたクサカゲロウの卵《たまご》。

なものが何本もはえて、その先に白くて丸いものがゆれているのを見たことはないだろうか。それが「うどんげ」の花だ。うどんげとは、仏教《ぶっきょう》で三千年に一度だけ咲《さ》く花とされ、「優曇華《うどんげ》」と書く。そのせいか、開花すると如来《にょらい》（悟《さと》りを開いた人。釈迦《しゃか》）があらわれるという伝説まであった。ほんの数十年前まで、本当に花だと信じられていた、この不思議《ふしぎ》なものの正体は、じつは「クサカゲロウ」という虫の卵《たまご》なのだ。

どこかで写真のような白いふわふわしたものを見つけたら、近づいて観察してみよう。如来《にょらい》はあらわれなくても、見つけたことは十分にラッキーなできごとだといえる。

ヒマワリが太陽にむいて咲《さ》くわけ

植物だって動くことができる!!

日本の夏を代表する花といえば、「ヒマワリ」を思いうかべる人も多いだろう。ヒマワリは、いっせいに太陽のほうをむいて咲《さ》いているイメージだが、本当にそうなのだろうか。

植物にとって、太陽の光を浴びることはとても重要だ。太陽は、光合成によってエネルギーとなる糖《とう》をつくりだすのに欠かせないからだ。とくに、芽《め》が出てから花のつぼみができるまでは、植物がもっとも成長する時期。そのあいだは、多くの植物が日光を浴びるために太陽のほうをむく習性《しゅうせい》がある。ヒマワリもそうだ。でも、花が咲《さ》いてしまえば、あとは受粉《じゅふん》して種《たね》を残すだけなので、成長はほぼとまってしまう。それ

ヒマワリのまがり方

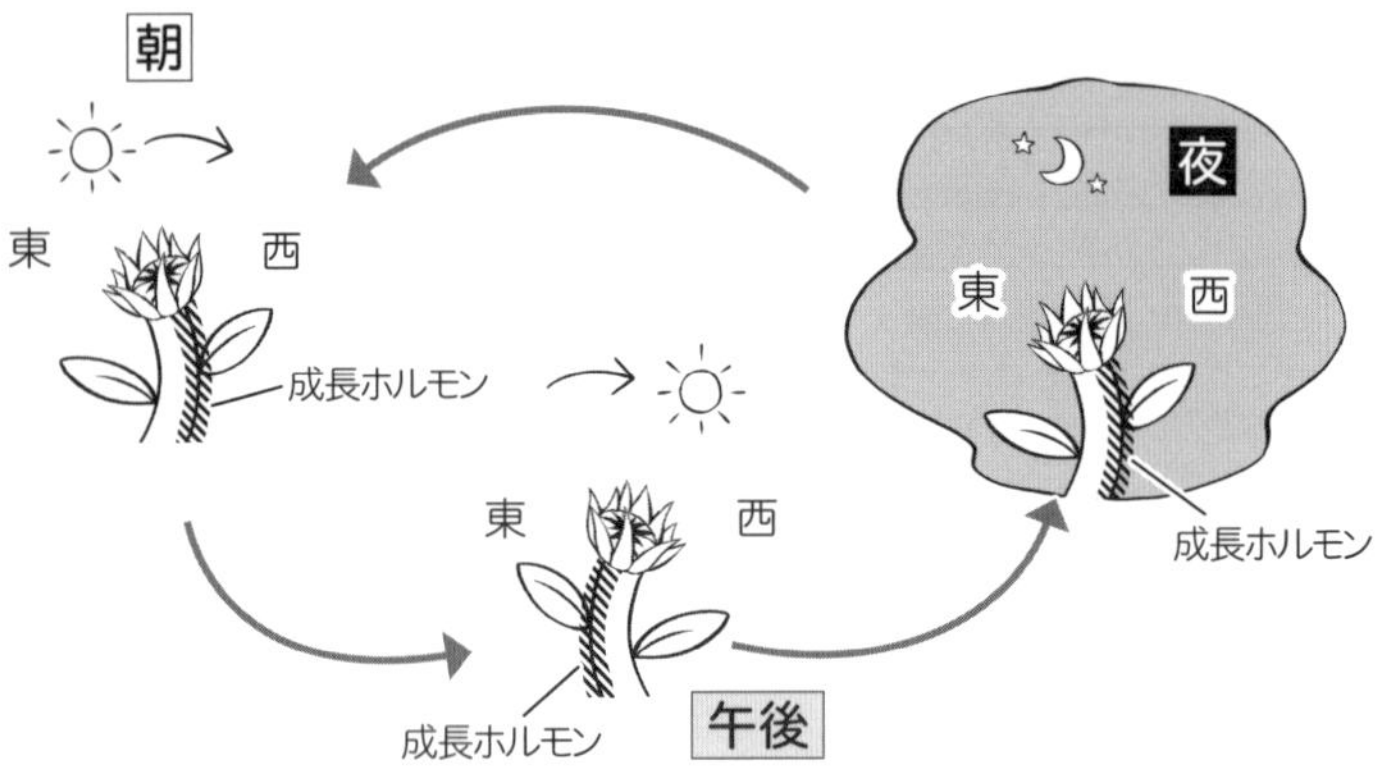

では、つぼみがつくまでのあいだ、茎《くき》や葉は、どのようにして太陽の動きにあわせて向きを変えるのだろう。

ヒマワリが太陽のほうをむくのは、成長期の若《わか》い葉がつく茎《くき》の先端《せんたん》だけ。その部分を動かすもとになっているのは、植物の成長ホルモンだ。太陽が出ると、日があたる側にくらべて、あたらない側に成長ホルモンがふえていく。これによって、日があたらない側だけが成長するため、茎《くき》は反対側にまがるのだ。たとえば、午前中は太陽があたっている東側より、西側に成長ホルモンが集まるから、そちら側がよくのびる。その結果、茎《くき》は東側にまがるので、若《わか》い葉に日があたり、つぼみも日のあたる東側をむ

満開のヒマワリ（新潟県小千谷市《にいがたけんおぢやし》）。たしかに多くのヒマワリが同じほうをむいている。

く。太陽が西にむかう午後はその反対で、今度は東側に成長ホルモンが集まってのびるから、つぼみは西にむくというわけだ。しかも、夜になると、茎《くき》は夕方にむいていたのとは反対側、つまり東側に向きを変えて日の出を待つ。これは、植物の持つ体内時計によるものだといわれている。朝になってあわてて西から東へ向きを変えなくてすむ、とても効率《こうりつ》のいい仕組みだといえる。

このように、つぼみの時期までは太陽の動きにあわせて向きを変えるヒマワリも、花が咲《さ》くころには茎《くき》の成長がとまってかたくなり、東をむいたままで向きを変えなくなる。では、なぜ花が東をむいているのだろう。東は朝日がのぼる方角だ。朝日があたると、花の温度が高くなる。気温の低い早朝には、より暖《あたた》かい花をめざして多くの虫が集まるため、東をむいているほうが受粉《じゅふん》をするのにつごうがいいと考えられる。花を東にむけたヒマワリと、西にむけたヒマワリで実験したところ、東にむけたほうが多くの種《たね》ができ、一粒《つぶ》の種《たね》の重さもふえたという結果が出ている。花の向きひとつとっても、生き残りをかけた大切な理由があるのだ。ヒマワリの花を見かけたら、東をむいて咲《さ》いているはずなので、よく観察してみよう。

ところで、北アメリカ原産のヒマワリは、キク科の一年草だ。漢字では「向日葵《ひまわり》」と書き、太陽にむかって成長する植物をあらわしている。英語では「サンフラワー」で、やはり「太陽の花」、学名はヘリアンサスで、こちらも「太陽の花」を意味している。太陽の光をたっぷり浴びて育つヒマワリは、これらの名前にふさわしい植物だといえるだろう。

ヒマワリのように、太陽の光に反応《はんのう》する植物の性質《せいしつ》を向日性《こうじつせい》という。ヒマワリと同

タンポポは光に反応《はんのう》し、明るくなると花を開く。

じキク科のタンポポも向日性《こうじつせい》だ。タンポポは百個《こ》以上もの小さい花が集まって、ひとつの花となっている。朝、この花のつぼみに日光があたると外側から開きはじめ、半分くらいまで咲《さ》いて、夕方になると花を閉《と》じる。翌朝《よくあさ》、また日光があたると外側から花が開き、今度は中心まですべての花が咲《さ》く。そして、夕方には閉《と》じて、花が終わる。光に反応《はんのう》するので、雨やくもりの暗い日には昼でも花が開かない。タンポポのように、花自体が光に反応《はんのう》する向日性《こうじつせい》の植物は少なくない。

さて、ヒマワリのつぼみは成長するために太陽のほうをむくが、太陽があたることで逆《ぎゃく》の向

ハクモクレンのつぼみはいっせいに北をむく。

きになるつぼみもある。春先に花を咲《さ》かせる木、コブシやモクレン、ネコヤナギなどだ。これらのつぼみはいっせいに北をむいていることが多い。なぜなら、つぼみのつけ根部分は、日あたりのよい南側が早く成長するからだ。北側はそのままで、南側だけふくらむから、つぼみが北側にかたむく。コブシやモクレンのつぼみがみんな同じほうをむいていたら、その方角は北をしめしている。このように、育ち方で方角がわかる植物を「コンパスプラント（方向指標植物）」という。春にコブシやモクレンなどを見かけたら、つぼみが北をむいているかどうか、コンパスなどで確認《かくにん》してみよう。

植物にとって、太陽はなにより大切なエネルギー源《げん》だ。つぼみや花の向きだけでなく、太陽の影響《えいきょう》を受けるものが自然界にはたくさんある。山の中を歩いているつもりで想像《そうぞう》してみよう。まず、木のようすを見てみると、南にむいた日あたりのいい枝《えだ》のほうがよく育っている。一本だけでなく、どの木も同じ側の枝《えだ》がよくしげっていたら、その方角が南ということだ。反対に、コケは日かげを好むので、木の根元や岩を見たとき、コケが多くはえているほうが北だと考えられる。

太陽の光をエネルギーに変えることができる生き物は、地球上で植物だけだ。多くの植物にとって、太陽の光をたっぷり浴びることが、成長して子孫を残すことにつながる。植物は、動物のように自由に動きまわることはできないが、それでも日光をいっぱい取り入れようとして、できるかぎり動けるように進化してきた。その生命の不思議《ふしぎ》に思いをはせてみよう。

つる植物が巻《ま》きつくわけ
より多くの日光を浴びるために進化

支柱《しちゅう》やフェンスなどに巻《ま》きついて、みるみるうちに上へむかってのびる「つる植物」。気がつくと、あたり一面がつるだらけになっていることもあり、ほかの植物とくらべるとずいぶん成長が早い。つる植物のなぞにせまってみよう。

つる植物には、おもに二つのタイプがある。ひとつは、クズやアサガオのように、つるが巻《ま》きつくタイプ。もうひとつは、エンドウなどのマメ科やキュウリなどのウリ科の植物に見られる、巻《ま》きひげでつかまるタイプだ。つるが巻《ま》きつくタイプは、茎《くき》そのものがつるになる。一方、巻《ま》きひげでつかまるタイプには、茎《くき》が変化したものと葉が変化したものがある。

このほか、ツタのように巻《ま》きひげの先に吸盤《きゅうばん》がついていて、それを木や壁《かべ》などにくっつけて成長するタイプや、つる性《せい》のバラのようにトゲをひっかけて巻《ま》きつくタイプなどもある。一年から数年で枯《か》れる「草」とはちがい、年々《ねんねん》、成長して幹《みき》が太くなるのが「木」だ。木の仲間にも、つる性《せい》のものや、ほかの木の幹《みき》に巻《ま》きついて、つるでしめつけて枯《か》らす「しめ殺《ごろ》し植物」とよばれるものがある。

さて、つるや巻《ま》きひげのタイプは、どうやって巻《ま》きつくところを見つけ、どんなふうにして巻《ま》きつくのだろう。

くわしいことは解明《かいめい》されていないが、植物が重力にさからって上へのびるとき、茎《くき》の先端《せんたん》は少しずつまわりながら成長する。つる植物も同じで、つるや巻《ま》きひげはゆっくりまわりながらのびていく。そうするうちに、先端《せんたん》が近くにあった支柱《しちゅう》やほかの植物などにふれる。すると、それが刺激《しげき》となって、ふれている部分の成長が

アサガオは左回りにつるを巻《ま》きつける。

とまり、その後ろ側にあたる、ふれていない部分の成長が活発になる。その結果、ふれたものの形にそって、くるくると巻《ま》きついていく。これが、つるや巻《ま》きひげが何かに巻《ま》きつく仕組みだ。上から見たときに「右巻《みぎま》き」か「左巻《ひだりま》き」かは、育った環境《かんきょう》や場所とは関係なく、多くの場合は植物の種類で決まっている。アサガオは左巻《ひだりま》き（反時計回り）で、ヘクソカズラは右巻《みぎま》き（時計回り）。ただし、ツルニンジンは右巻《みぎま》きと左巻《ひだりま》きのどちらもある。

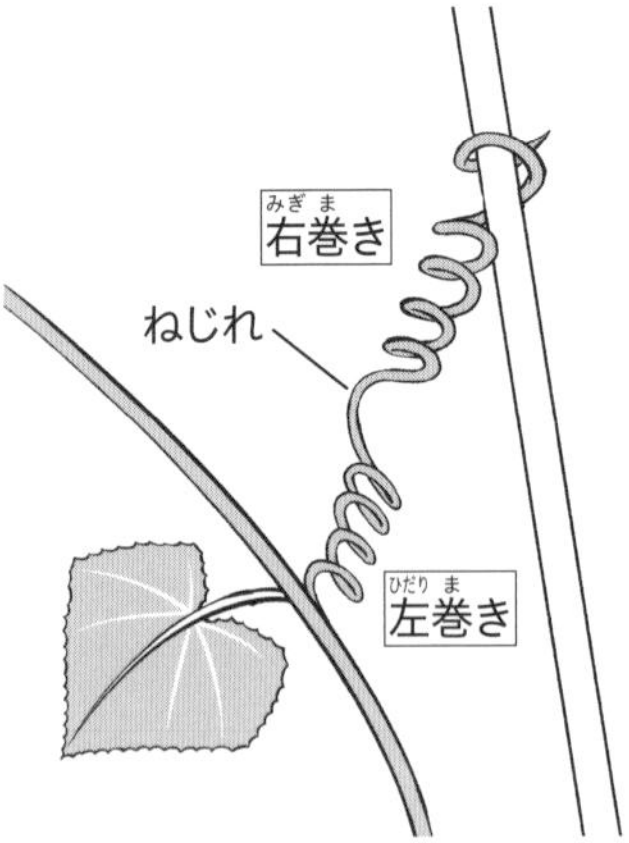

ウリ科の場合、巻《ま》きひげの途中《とちゅう》から逆《ぎゃく》向《む》きにねじれが生じる。

そして、ウリ科で見られる巻《ま》きひげの場合、ひげの先端《せんたん》が巻《ま》きついたあとに驚《おどろ》きの変化がはじまる。なんと、まっすぐだったひげが途中《とちゅう》からねじれ、バネのようにちぢんでいくのだ。さらに、その反対方向には逆向《ぎゃくむ》きのねじれまで生じる。一方向にだけねじれると切れやすくなるため、ねじれのバランスをとり、巻《ま》きひげ全体を強くしているのだという。巻《ま》きひげはバネのようにのびちぢみするので、風が吹《ふ》いても切れにくいし、キュウリなどの実がなっても、しっかりと茎《くき》をささえることができる。あの細い巻《ま》きひげには、人間顔負けのすごい知恵《ちえ》がかくされているのだ。

キュウリの巻《ま》きひげ。矢印は支柱《しちゅう》に巻《ま》きついたあとバネ状《じょう》になった部分。その下では逆向《ぎゃくむ》きに巻《ま》きはじめている。

太陽にむかってすっくと立つヒマワリ、大地に根をはって空高くのびるスギの木、また、りっぱな実をいくつもつけたナスやピーマン……。植物の多くは、重たい花や実をつけても、どんなに背《せ》が高くても、何かによりかかったり、ささえられたりせず、自分の力で立っている。それでも、雨が降《ふ》っても風が吹《ふ》いてもたおれないでいるためには、太い茎《くき》やたくましい幹《みき》、しっかりはった根を持っている必要がある。自立する植物は、力強く自立するために、はかりしれないほどたくさんのエネルギーを使っているのだ。

それに対して、つる植物は、茎《くき》が細いために別の植物などによりかかって生きている。自分の力で体をささえなくてよいので、エネルギーの多くを、つるをのばして葉を広げるために使うことができる。つる植物があっというまに成長するのには、そういった秘密《ひみつ》がかくされているのだ。成長が早いので、ほかの植物をすっぽりおおって日光をさえぎり、場合によっては枯《か》らしてしまうこともある。このような性質《せいしつ》から、蔓《つる》が延《の》びると書く「蔓延《まんえん》」という言葉は、よくないことがあっというまに広がる状態《じょうたい》を意味するようになったという。

空《あ》き地《ち》や道路わきなどにはびこるクズは、日本に古くから分布《ぶんぷ》するマメ科のつる植物だ。じょうぶでとても成長が早く、夏場には一日に数十センチものびるという最強の雑草《ざっそう》といえる。その繁殖力《はんしょくりょく》で木々《きぎ》を枯《か》らしたり、電柱や電線にからみついたりして問題になっている。家畜《かちく》のエサなどとして海をわたったアメリカでも、クズはきらわれ者となった。野生化してどんどん広がり、生態系《せいたいけい》を乱《みだ》し、作物を枯《か》らしてしまうた

植物をすっぽりとおおうように成長し、日光をさえぎってしまうクズ。グリーンモンスターといわれてもしかたがないかもしれない。

め、今では「グリーンモンスター（緑の怪物《かいぶつ》）」とよばれているそうだ。

　そもそも、つる植物がほかのものに巻《ま》きつきながら成長するのは、より多くの日光を浴びるためだ。だから、日あたりがよく、まわりに日光をさえぎるものがなければ、つる植物でも地表をはって成長するという。反対に、まわりに植物がたくさんはえていて、日光を浴びにくい場合は、それらの植物に巻《ま》きついて、日のあたる上のほうへとのびていく。クズも同様に、はじめは地表をはい、植物がしげっている場所では巻《ま》きついて上へと成長し、一番上にきたらまた横にのびて、最後には植物全体をおおってしまう。日光を求めて臨機応変《りんきおうへん》に成長し、山をもおおってしまうクズは、まさに蔓延《まんえん》するつる植物といえるだろう。

つる植物が日光を求める目的は、葉で光合成をして栄養をつくることなので、つるをどんどん長くのばして、たくさんの葉をつけようとする。とはいえ、根から吸《す》いこんだ水分を、長くのびたつるの先の葉まで、ちゃんととどけられているのだろうか。じつは、茎《くき》の中の水の通り道である維管束《いかんそく》が、つる植物ではとくに太くなっているため、根から遠い葉にまで水をいきわたらせることができるのだという。

自分をささえることをやめ、よりかかることにきめたつる植物は、生き残るために、さまざまな知恵《ちえ》で独自《どくじ》の進化をとげている。

緑のカーテンとして日差しをさえぎるアサガオ。

アサガオの不思議《ふしぎ》

夏の朝をいろどる変化にとんだ花

夏の朝、青やピンクの花をいっぱいに咲《さ》かせる「アサガオ」。夏休みに育てたり、強い日差しをさえぎる緑のカーテン（グリーンカーテンとも）として楽しんだりした人もいるのではないだろうか。わたしたちにとって身近なアサガオの仕組みや歴史《れきし》を、徹底《てってい》研究してみよう。

アサガオは、漢字で「朝顔《あさがお》」と書くので、朝になってから咲《さ》くと思っている人は多いだろう。

アサガオが咲《さ》く時刻《じこく》

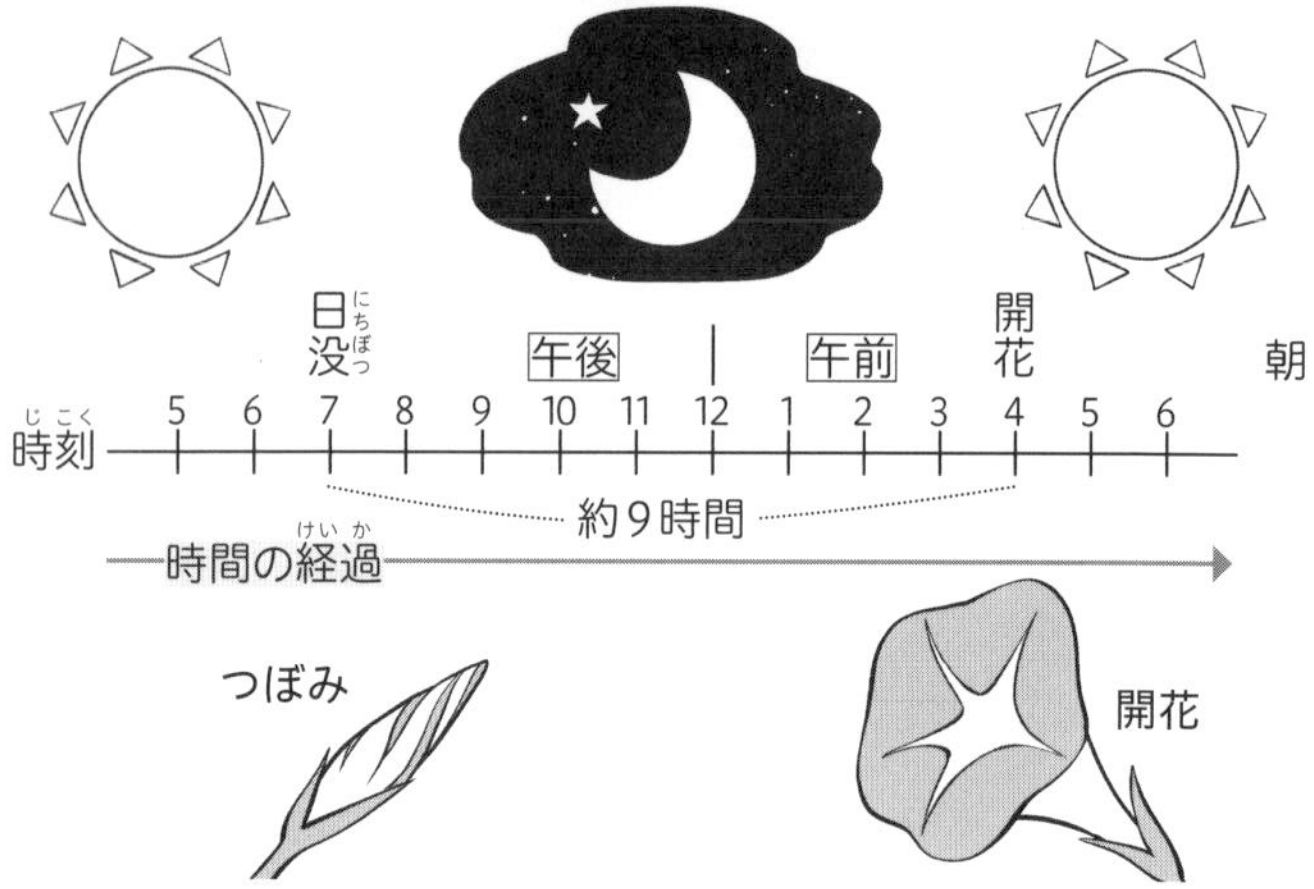

ところが、八月の開花時刻《じこく》はまだうす暗い四時ごろ。日の出のあと、明るくなると咲《さ》く、というわけではなさそうだ。じつは、アサガオの開花は、前日に太陽がしずむ時刻《じこく》と関係がある。夕方、暗くなる時刻《じこく》から約九時間後に花が咲《さ》くという性質《せいしつ》があるのだ。そのため、七時に暗くなったとしたら、翌日《よくじつ》の早朝四時ごろに花が咲《さ》くというわけだ。暗くなった時刻《じこく》から計算して、アサガオの開花時刻《じこく》を予測《よそく》してみてはどうだろう。早起きすれば、こたえあわせも楽しめるはず。

同じように、オシロイバナやオオマツヨイグサも、暗くなってからの時間で開花時刻《じこく》が決まる性質《せいしつ》を持っている。

自動受粉《じゅふん》の仕組み

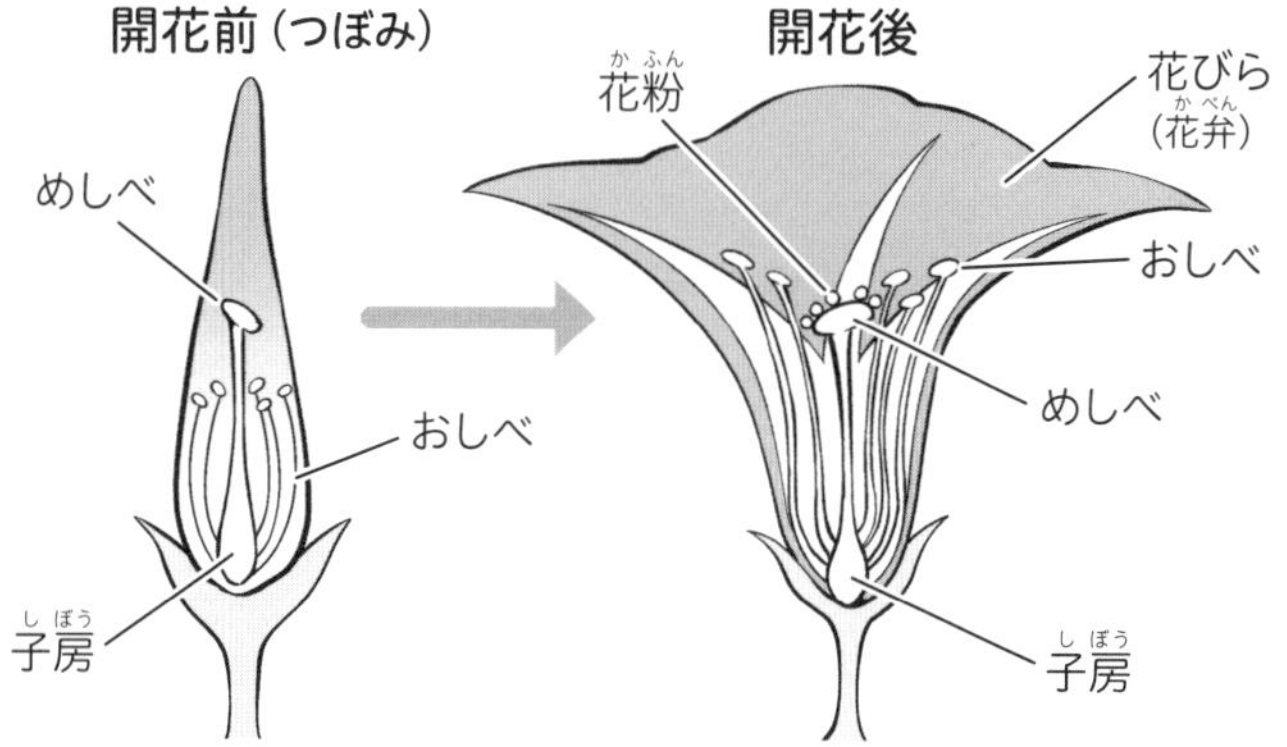

　アサガオの花は、五枚《まい》の花びらがラッパのようにくっついてひとつになっている。内側には、おしべが五本、めしべが一本あり、ひとつの花だけで受粉《じゅふん》する「自家受粉《じかじゅふん》」をしている。自家受粉《じかじゅふん》の仕組みはこうだ。つぼみのときは、めしべよりもおしべのほうが短い。朝まだ早い時間、つぼみが開きはじめると同時に、おしべものびていく。そして、のびながらめしべに花粉《かふん》をたっぷりつけ、花がすっかり開いたころには、おしべはめしべよりも長くなっている。このように、花のつくりが変わることで自家受粉《じかじゅふん》する方法を「自動受粉《じゅふん》」という。

　自家受粉《じかじゅふん》に対して、同じ種のちがう花で受粉《じゅふん》することを「他家受粉《たかじゅふん》」という。他家受粉《たかじゅふん》は異《こと》なる遺伝《いでん》子《し》がまじわるので、病気や環境《かんきょう》の変化に強くなりやすいが、虫などに受粉《じゅふん》を手伝ってもらう必要がある。受粉《じゅふん》する確率《かくりつ》は低くなるので、花粉《かふん》もいっぱいつくらなくてはならない。その点、自家受粉《じかじゅふん》では、遺伝子《いでんし》はずっと変わらないので、環境《かんきょう》の変化には弱いが、虫などにたよらずにすむ。とくに自動受粉《じゅふん》では、少ない花粉《かふん》で確実《かくじつ》に受粉《じゅふん》し、種《たね》を残すことができる。アサガオのように自動受粉《じゅふん》をする花は、ほかにオシロイバナやツユクサがあるが、こちらは花がしおれるときに受粉《じゅふん》する仕組みになっている。

つぎは、アサガオのつるの不思議《ふしぎ》について考えてみよう。つるが支柱《しちゅう》やフェンスに巻《ま》きついていないとき、その先端《せんたん》を上からずっと見ていると、左回りにゆっくり動いているのがわかる。つる植物だけでなく、植物は先端《せんたん》がこんなふうにまわりながら成長する。アサガオの場合は、つるの先が何かにふれると、それに巻《ま》きついていく。ふれた刺激《しげき》によって支柱《しちゅう》などにふれた側が成長をとめ、反対側だけが成長する。この成長するスピードのちがいで、つるがまがり「巻《ま》きつく」という動きになる。一度、支《し》柱《ちゅう》などにふれると、簡単《かんたん》にははずれないほどしっかり巻《ま》きついていく。さらに、つるには下向きに毛がはえているため、支柱《しちゅう》がすべすべしていてもずり落ちにくい。ひたすら上へ上へとのびていくアサガオには、こんなすごい能力《のうりょく》があったのだ。

アサガオのつるは上から見ると左巻《ひだりま》きなのに対して、つぼみは右巻《みぎま》きにねじれており、このねじれがほどけるようにして花が咲《さ》く。ところが、咲《さ》いてからしばらくすると、しぼんでしまうのはなぜだろう。アサガオが咲《さ》くのは夏の早朝だ。花びらが薄《うす》いので、気温が上昇《じょうしょう》してくると、すぐに水分が抜《ぬ》けていってしまう。だから花が早くしぼんでしまうのだ。ただ、そのおかげで、受粉《じゅふん》したためしべが暑さや乾燥《かんそう》から守られるという利点もある。雨の日や、秋になって気温が下がってくると、しぼむ時間も遅《おそ》くなるから注意して見てみよう。

アサガオの起源《きげん》はよくわかっていない。日本へは奈良《なら》時代に中国から伝わり、はじめは貴族《きぞく》が薬草としてもちいていたという。平安《へいあん》時代につくられた薬の辞典『本草和名《ほんぞうわみょう》』には、万葉仮名《まんようがな》で「阿佐加保《あさがお》」と記《しる》されているとか。その後、花を楽しむために栽培《さいばい》されるようになったが、はじめは青一色だったようだ。そして、江戸《えど》時代になる

いろいろなタイプの変化アサガオ。

と、植木鉢《うえきばち》が広まったことで、庭を持たない庶民《しょみん》でも花が楽しめるように。そこで、家の軒先《のきさき》で手軽に育てられ、朝早く咲《さ》くという気持ちよさから、アサガオは広く愛される花となった。やがて、突《とつ》然変異《ぜんへんい》をきっかけにして、変わった色や形、色がまじったしぼりもようなどの花が登場。これらは「変化アサガオ」とよばれ、熱心な愛好家の品種改良によって千種ものアサガオがうまれた。江戸《えど》時代の後期には、そのなかから三十六種を選んで『朝顔三十六花撰《かせん》』という図版集《ずはんしゅう》もつくられた。

変化アサガオのブームはその後もつづいたが、第二次世界大戦で一時すたれてしまった。しかし、ふたたび愛好家によって受けつがれ、今では日本

左から、小ぶりなピンク色の花が咲《さ》くヒルガオ、花びらが５枚《まい》に分かれているユウガオ、白い大きな花が咲《さ》くヨルガオ。

でもっとも発展《はってん》した園芸植物といわれている。

　さて、アサガオと名前も花もよく似《に》たものに、ヒルガオ、ユウガオ、ヨルガオがある。どれも同じ仲間なのだろうか。

　アサガオはヒルガオ科で、七～十月ごろの早朝に咲《さ》いて半日でしぼんでしまう。「ヒルガオ」もヒルガオ科で、五～十月ごろ、やや小ぶりなピンク色の花を咲《さ》かせる。朝咲《さ》いたら昼のあいだもずっと咲《さ》きつづけ、夕方になってからしぼむので昼顔《ひるがお》という。地下茎《ちかけい》でふえるため、道ばたや畑、砂浜《すなはま》など、いろいろなところで見ることができる。

「ユウガオ」はウリ科で、七～八月に白いレースのような五枚《まい》の花びらを咲《さ》かせる。夕方以降《いこう》に咲《さ》いて、翌日《よくじつ》の午前中にしぼむので、夕顔《ゆうがお》の名がつけられた。その実は大きく、食用となり、専用《せんよう》のかんなで細くけずって、巻《ま》きずしなどに使われる「かんぴょう」として加工される。

七～十月ごろの夕暮《ゆうぐ》れから翌朝《よくあさ》まで咲《さ》くのは、ヒルガオ科の「ヨルガオ」。夜のあいだに咲《さ》くので夜顔《よるかお》とよばれる。白い花はアサガオに似《に》ているが、直径十五センチほどもあり、夜の暗さによくはえる。観賞用《かんしょうよう》として北米から輸入《ゆにゅう》され、「ムーン・フラワー（月の花）」という美しい英名がついている。

ということで、どれもつる性《せい》だが、ユウガオだけがウリ科に属《ぞく》しており、花びらが分かれ、実は食用となる。ヒルガオ科のアサガオ、ヒルガオ、ヨルガオは、大きさは異《こと》なるが、ひとつにつながった花の形もやや似《に》ている。

夏の朝から夜まで可憐《かれん》な花を咲《さ》かせるアサガオの仲間たち。見かけたら、これまでより少し気をつけて観察してみよう。

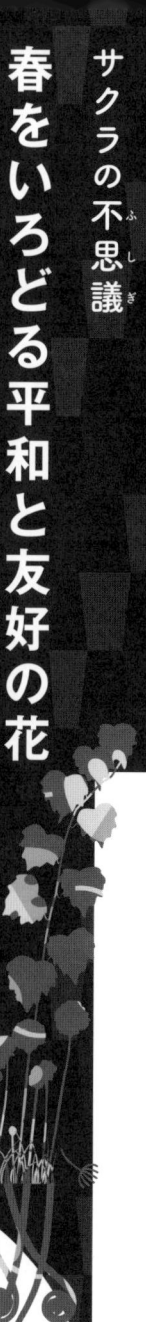

サクラの不《ふ》思《し》議《ぎ》

春をいろどる平和と友好の花

春になると、日本列島の南から北へとサクラ前線が広がっていく。花が似《に》ているウメやモモが外来種なのに対して、日本で育つ野生のサクラは、古くから国内に自生している在来種《ざいらいしゅ》だ。日本の国の花のひとつでもあるサクラの秘密《ひみつ》にせまってみよう。

サクラはバラ科の植物で、おもに北半球の温帯に広く分布《ぶんぷ》する広葉樹《こうようじゅ》である。なかでも美しい花の咲《さ》く種類はアジアに多く、日本の野山には、沖縄《おきなわ》のカンヒザクラを入れて十種の野生種が自生している。代表的な野生種を三つ紹介《しょうかい》しよう。今では、どれも東北から九州まで広く分布《ぶんぷ》している。

万葉《まんよう》の時代から身近な花として親しまれてきたのが「ヤマザクラ」。冬のあいだ、

山全体をピンクにそめる奈良《なら》県《けん》吉野《よしの》山《やま》のサクラ。満開になると、ヤマザクラなど、約3万本が咲《さ》きほこるという。

くすんだ色だった野山をいっせいにピンクにそめ、春のおとずれをつげてくれる。江戸《えど》時代まで、人々《ひとびと》はこのヤマザクラで花見をしていたという。花が咲《さ》くと同時に、赤茶色の葉が出るのが特徴《とくちょう》だ。

日本だけでなく、韓国《かんこく》でも見られるのは「エドヒガン」。中国にも近い種があるという。寿命《じゅみょう》が長いことから大木に育ち、国や自治体で天然記念物として大切に保護《ほご》されているサクラも多い。岡山県真庭市《おかやまけんまにわし》には、高さ十八メートル、枝《えだ》の広がりが二十メートルもあるエドヒガンの大木があり、樹齢《じゅれい》は千年ともいわれる。鎌倉《かまくら》時代の末期、一三三二年に後醍醐天皇《ごだいごてんのう》が隠岐島《おきのしま》に流されるとき、このサクラをたたえたと伝わることから「醍醐桜《だいござくら》」とよばれている。

「オオシマザクラ」は、その名のとおり伊豆諸島《いずしょとう》の大島《おおしま》などを起源《きげん》とする。大島《おおしま》の島内には百五十万本が自生するといわれる。大きめの白い花ははなやかで、開花と同時に緑色の葉が出る。じょうぶで繁殖力《はんしょくりょく》が強く、各地で分布域《ぶんぷいき》を広げている。

一方、野生種から品種改良されたものが園芸種で、日本のサクラには二百種以上もの園芸種があるという。代表選手が「ソメイヨシノ」だ。学校や公園、道や川沿《かわぞ》いなどに植えられ、日本各地で目にすることができる。種《たね》ができず、親木から切った枝《えだ》を台木につなぎあわせる「接《つ》ぎ木」でしかふやせない。そのため、日本中のすべてのソメイヨシノが、ほぼ同じ遺伝子《いでんし》を持つクローンとなる。そのルーツを探《さぐ》ってみよう。

東京の豊島区《としまく》には、ソメイヨシノ発祥《はっしょう》の里といわれる場所がある。江戸《えど》時代は染井《そめい》村《むら》とよばれ、多くの植木屋が軒《のき》をつらねていたところだ。そこで最初にソメイヨシノが登場したのは、江戸《えど》時代後期から明治《めいじ》時代にかけて。サクラの名所として知られる奈良県《ならけん》の吉野山《よしのやま》にちなんで、染井村《そめいむら》の植木屋が「吉野桜《よしのざくら》」として売りだしたのがはじまりとされる。やがて全国に広まり、染井村《そめいむら》でうまれた吉野桜《よしのざくら》ということで、「ソメイヨシノ」と名づけられた。その後、ソメイヨシノのルーツについて研究がかさねられた結果、DNA解析《かいせき》によって、野生種のエドヒガンとオオシマザクラの交配からうまれたと判明《はんめい》した。ただし、人の手でつくられたのか、自然に交配したのかはわからず、その誕生《たんじょう》には多くのなぞが残されている。

エドヒガンは、葉が出る前に濃《こ》いピンクの花が咲《さ》き、花見にちょうどいい木の高さになる。一方、オオシマザクラは、白くて大ぶりの花が咲《さ》くが、花と同時に葉が出て、木も大きくなりすぎる。ソメイヨシノは、葉が出るより先に淡《あわ》いピンクの花が咲《さ》き、木は花見にちょうどいい高さに育つ。両方のいいところが組みあわさった奇跡《きせき》の品種なのだ。この二種の交配実験が現在《げんざい》もかさねられているが、ソメイヨシノのような木はできないという。

ところで、ソメイヨシノがクローンだからこそ、わたしたちの生活に役立っていることがある。それは毎年、気象庁《きしょうちょう》が発表する「サクラの開花予想」だ。ソメイヨシノ

サクラの開花と気温の関係

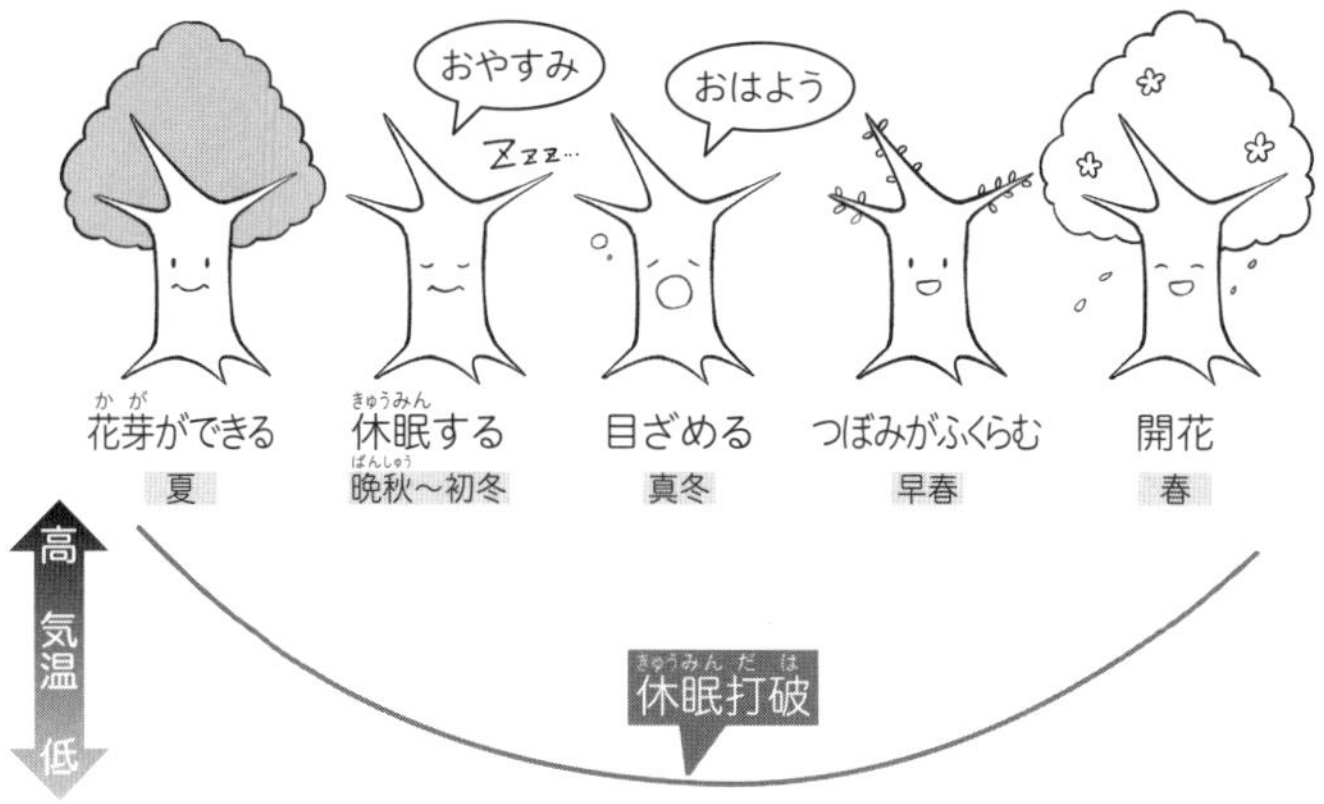

は全国に多くの木があるうえに、ほぼ同じ遺伝子《いでんし》を持つクローンなので、気候の変化によって同じように開花する。そのため、開花予想の基準《きじゅん》の花とするのに適《てき》しているのだ。

さて、サクラの花のもととなる芽《め》はいつごろできるのだろう。なんと、前の年の夏には花芽《かが》がつくられているという。それが秋から冬にかけて気温が下がってくると休眠状態《きゅうみんじょうたい》となり、成長がとまる。そして、一定の期間、低温の日がつづいた真冬のころ、その花芽《かが》が目ざめる。これを「休眠打破《きゅうみんだは》」といい、やがてサクラは春の暖《あたた》かさで一気に開花する。ニュースなどでは、休眠打破《きゅうみんだは》の日から計算して開花予想をするが、休眠打《きゅうみんだ》破《は》を二月一日として開花日を予想する簡単《かんたん》な方法がある。それが「六百度の法則《ほうそく》」といわれるものだ。二月一日から毎日の最高気温をくわえていって、合計が六百度になった日に開花するというものだ。過去《かこ》のデータでも、実際《じっさい》の開花日とはそれほどずれていないので、一度ためしてみてはどうだろう。

日本人が愛するサクラは、外国との友好の花にもなってきた。一九一二年、日本からアメリカの首都、ワシントンD.C.とニューヨークに、それぞれ三千本ずつ十数種のサクラが贈《おく》られた。サクラは英語で「cherry blossom《チェリーブロッサム》」。チェリーといえばサクランボの実が思いうかぶアメリカの人々《ひとびと》に、日本の美しいサクラの花を見てもらおうと力をつくした一人が、当時、ニューヨークに住んでいた高峰譲吉博士《たかみねじょうきちはくし》である。胃腸薬《いちょうやく》に使われている消化薬のタカジアスターゼを発明し、アドレナリンの結晶化《けっしょうか》に成功したことでも知られる化学者だ。じつは、その三年前に、高峰博士《たかみねはくし》が資金援助《しきんえんじょ》をして二千本のサクラを贈《おく》ったのだが、アメリカに着いたすべての苗木《なえぎ》が病害虫におかされていて、焼却処分《しょうきゃくしょぶん》となってしまった。そこで、専門家《せんもんか》らの懸命《けんめい》な努力により、あらためて海をわたったのが計六千本の健康なサクラだった。そのときに苗木《なえぎ》を検査《けんさ》したアメ

ワシントンD.C.のポトマック河畔《かはん》をピンクにそめるサクラ。

リカの専門家《せんもんか》が「こんなにみごとな輸入《ゆにゅう》植物を見たことがない」と驚《おどろ》くほどだったという。苗木《なえぎ》は、すべて東京・荒川《あらかわ》のサクラ並木《なみき》からとった枝《えだ》で接《つ》ぎ木《き》をして育てられたそうだ。その後、日本からは、アメリカのほかにカナダやスウェーデン、ロシアなど、世界各国に友好のサクラが贈《おく》られている。ドイツでは、ベルリンの壁《かべ》の跡地《あとち》にも、平和を願うサクラが植えられている。

日本からサクラを贈《おく》った百年目となる二〇一二年、返礼として、今度はアメリカから日本へ三千本のハナミズキが贈《おく》られることになった。最初の三百本は東京都の代々木公園《よよぎこうえん》へ、その後は東日本《ひがしにほん》大震災《だいしんさい》の被災地《ひさいち》や、原爆被爆地《げんばくひばくち》の広島など、日本各地に植えられ、日本とアメリカの平和と友好のかけはしとなっている。

サクラを詠《よ》んだ和歌は『万葉集《まんようしゅう》』に四十四首、『古今和歌集』には七十首もある。江戸《えど》時代に発達した浮世絵《うきよえ》にも、庶民《しょみん》が花見を楽しむようすが多くえがかれている。サクラは太古の昔から人々《ひとびと》に親しまれてきたのだ。現代《げんだい》でもさまざまな曲で歌われ、花見のシーズンには日本中がそわそわしてくる。

また、サクラの木の皮を利用した樺細工《かばざいく》や、花びらをうかべる桜湯《さくらゆ》、塩漬《しおづ》けにした葉で和菓《わが》子《し》をくるむ桜餅《さくらもち》など、くらしのなかにもさまざまに取り入れられてきた。わたしたちにとって身近で愛すべきサクラを、これからも大切にいつくしんでいきたい。

浮世絵《うきよえ》にも多くえがかれたサクラ。これは葛飾北斎《かつしかほくさい》の「富嶽三十六景《ふがくさんじゅうろっけい》　東海道品川御殿山ノ不二《とうかいどうしながわごてんやまのふじ》」。

サボテンの秘密《ひみつ》

過酷《かこく》な自然をのりこえてきた能力《のうりょく》

からからにかわいた土地で、体中にトゲをつけ、ジリジリと太陽に照らされるサボテン。世界各地で進化して、千四百五十種以上もあるといわれる。サボテンがあんな形をしているのはなぜか。厳《きび》しい環境《かんきょう》で生きられるのはなぜか。サボテンの秘密《ひみつ》にせまってみよう。

サボテンは、おもに南北アメリカと周辺の島々《しまじま》に自生している。この植物の一番の特徴《とくちょう》は、ほとんどの種にトゲがあることだ。このトゲにはどんな意味があるのだろう。

サボテンのトゲは葉が変化したものといわれ、虫や動物から身を守る役目をはたしている。サボテンは乾燥《かんそう》した土地でもたっぷり水をたくわえているので、もしトゲが

ペルーのアンデス山脈《さんみゃく》の標高4000m地帯に自生するサボテン。やわらかいトゲがあることで、厳《きび》しい自然から身を守っている。

なければ、水を求める虫や動物にあっというまに食べられてしまうだろう。さらに、トゲがたくさんあるほど、日差しをさえぎる効果《こうか》がある。標高の高いところには、やわらかいトゲで全身をおおい、強烈《きょうれつ》な紫外線《しがいせん》や夜の寒さから身を守っているサボテンもあるという。

トゲのもうひとつ大事な役目は、雨の少ない土地で貴重《きちょう》な水分を集めること。乾燥《かんそう》地帯では昼と夜の寒暖差《かんだんさ》が大きいため、気温が下がると霧《きり》や露《つゆ》が発生する。それがトゲにあたってできるわずかな水滴《すいてき》を、トゲの根元から吸収《きゅうしゅう》するのだ。トゲにはより小さなトゲがついており、空気中の細かな水分を効率《こうりつ》よく集めるのに役立っ

うちわの形をしたウチワサボテン。葉のように見える茎《くき》にたっぷりと水をたくわえている。

ている。また、子孫を広めるためにトゲを利用するサボテンもある。動物などにトゲがふれると簡単《かんたん》にくっつき、動物が移動先《いどうさき》でトゲを落としたところに、新たな芽《め》を出す種があるという。痛《いた》そうに見えるトゲは、厳《きび》しい自然の中で生《い》き抜《ぬ》くための、すぐれた機能《きのう》を持っているのだ。

多くの植物には茎《くき》や幹《みき》、葉、枝《えだ》があるが、サボテンにあるのはそのうちの茎《くき》だけ。丸かったり、柱やうちわのようだったりと、形はいろいろだ。この形には、乾燥《かんそう》地帯で効率《こうりつ》よく生きるための理由がある。できるだけ多くの水分をたくわえ、むだな蒸発《じょうはつ》をふせぐには、表面積が小さいほうがよい。そのために、貯水《ちょすい》タンクのような形がうまれたのだ。葉がないのも水分の蒸発《じょうはつ》をふせぐためだし、茎《くき》の表面は水分が逃《に》げないように、ワックスを塗《ぬ》ったようになっている。大量の水分をためこむのとは反対に、サボテンが一日に消費《しょうひ》する水分はほんのわずかで、一般《いっぱん》の植物の二千分の一～二千五百分の一しかない。とにかく、ためられるだけ水分をためて、少しずつ大事に使う。このくふうによって、サボテンは雨が降《ふ》らなくても数か月～数年間は生きることができるようになったのだ。

養分の少ないやせた土地で育つサボテンにとって、二酸化炭素《にさんかたんそ》と水で、日光を利用して糖《とう》をつくりだす光合成はとても重要だ。多くの植物は、太陽が照っている昼間、葉の裏側《うらがわ》にある気孔《きこう》を開き、二酸化炭素《にさんかたんそ》を取り入れて光合成をする。しかし、乾燥《かんそう》した気温の高い土地では、昼間に気孔《きこう》を開くと大事な水分が蒸発《じょうはつ》してしまう。そこで、サボテンは光合成を昼と夜の二段階《だんかい》でおこなうテクニックを身につけた。気孔《きこう》が開くのは気温の低い夜だけ。そのあいだに空気中から二酸化炭素《にさんかたんそ》を吸収《きゅうしゅう》し、いったんリンゴ酸《さん》という物質《ぶっしつ》にかえてためておく。そして、昼間は気孔《きこう》を閉《と》じて水分が出ないよう

サボテンの光合成

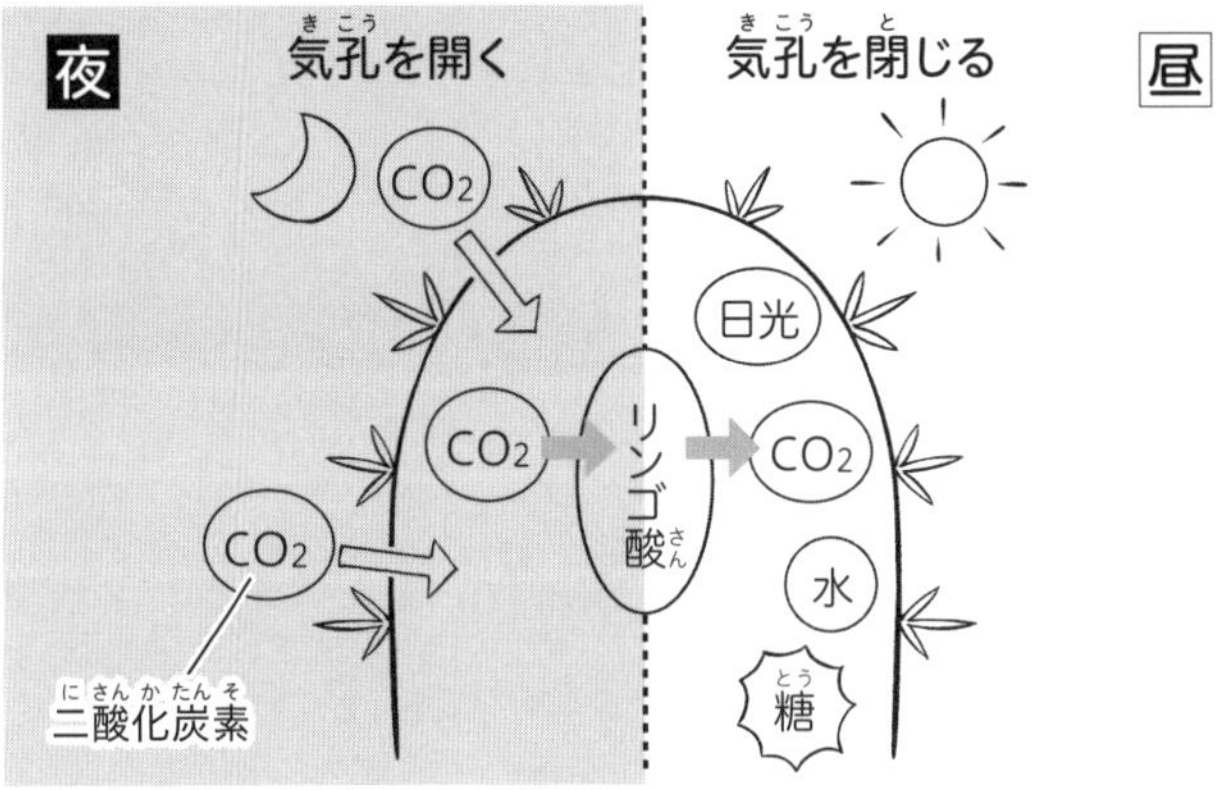

にし、リンゴ酸《さん》からふたたび二酸化炭素《にさんかたんそ》にもどして光合成をおこなうのだ。吸収《きゅうしゅう》した水分は絶対《ぜったい》にのがさないというほど、サボテンの節水対策《たいさく》は徹底《てってい》している。

さて、長い進化の過程《かてい》でさまざまな形がうまれたサボテン。世界でもっとも大きいものが、アメリカ南西部のソノラ砂漠《さばく》に自生する。このサワロというサボテンは、大きいものだと高さ十五メートル、重さ十トン、寿命《じゅみょう》は二百年ともいわれる。かぞえきれないほどのサワロが砂漠《さばく》に群生しているが、一本一本はどれも少しずつはなれている。これは、水分をうばいあわないようにするためなのだとか。サワロがたくわえられる水の量は、最大で七百リットルを超《こ》える。そして、大量の雨が降《ふ》ったときには、乾季《かんき》にそなえて一年分の水を

世界最大のサボテン、サワロはソノラ砂漠《さばく》に自生する。

ためこむほどの吸水力《きゅうすいりょく》がある。

巨大《きょだい》なサワロは、砂漠《さばく》にすむ多くの生き物をはぐくんでいる。かたい茎《くき》に穴《あな》をあけてすみかにしているのは、キツツキやフクロウなどの鳥類のほか、虫やトカゲなど。穴《あな》の中にいれば強《きょう》烈《れつ》な日差しをさけられ、昼は涼《すず》しく、夜は寒さをしのぐことができる。

サワロの成長はとても遅《おそ》い。一年にわずか六ミリメートルしかのびず、高さ十五メートルになるには二百年以上かかる。気が遠くなるような時間を、サワロはかわいた風景のなかですごしている。そして、三十年あまりたってはじめて、茎《くき》のもっとも高い位置に美しい白い花を咲《さ》かせる。花のあとにできる赤い果実は、アメリカ先住民の人たちの食料になっていたそうだ。

サボテンは現代人《げんだいじん》の食料にもなっていて、メキシコやイタリアをはじめ、多くの国々《くにぐに》で栽培《さいばい》されている。食用となるのは、おもにウチワサボテン。トゲが少ないのであつかいやすく、成長が早いので、生産量も多い。ビタミンやカルシウム、食物繊維《しょくもつせんい》が豊富《ほうふ》で、野菜と果物《くだもの》の両方の栄養価《えいようか》があるという。やわらかい茎《くき》を野菜として食べるほか、残った部分は家畜《かちく》のエサとなり、花や果実まですてるところがない。

巨大《きょだい》なサボテンを焼くようす。メキシコではサボテンがよく食べられている。

高温や乾燥《かんそう》に強く、少しの水で育ち、かわいた土地でも栽培《さいばい》できるなどの理由から、サボテンは未来の食料対策《たいさく》として注目を集めている。二〇一七年には国連食糧《しょくりょう》農業機関（ＦＡＯ）が「ウチワサボテンが食料危機《きき》を救《すく》う作物になり

サボテンはサラダにも利用される。

うる」と発表。水分をたっぷりふくむため、水不足にも対応《たいおう》できるとしている。

日本でも、愛知県春日井市《あいちけんかすがいし》がウチワサボテンの栽培《さいばい》を積極的に進めている。地元で育てたものを地元で消費《しょうひ》する「地産地消」の給食として、二〇〇七年から学校給食にもサボテン料理を取り入れているそうだ。食料難《しょくりょうなん》と水不足をのりきる健康食材として、世界中の人がサボテンを食べる時代がやってくるかもしれない。

もうひとつ、期待されるサボテンの能力《のうりょく》がある。サボテンは、空気中の二酸化炭素《にさんかたんそ》をほかの植物よりも効率的《こうりつてき》に結晶化《けっしょうか》できるという。この結晶《けっしょう》は、いったんサボテンの中につくられると、枯《か》れても二酸化炭素《にさんかたんそ》として放出されない。その特性《とくせい》によって、地球温暖化《おんだんか》のスピードをおさえられるかもしれないのだ。サボテンの可能性《かのうせい》はますます広がっている。

国ごとに異《こと》なる主食

各地でくふうをこらしてきた主食のいろいろ

わたしたちが食事からとる栄養素《えいようそ》のなかで、毎日のエネルギー源《げん》として欠かせないのが炭水化物だ。炭水化物は消化されると糖質《とうしつ》になり、短時間でエネルギーをつくりだすことができる。そのため、脳《のう》や体を動かす基本《きほん》の栄養素《えいようそ》といえる。炭水化物が多くふくまれる代表的な食品は、穀類《こくるい》、いも類、豆類だろう。なかでも、三大穀物《こくもつ》といわれる米、小麦、トウモロコシは生産量が多く、世界中の国や地域《ちいき》で主食となってきた。これらは、なぜ各地で生産されるようになり、長い年月にわたって食べられてきたのだろう。世界にさまざまな主食がある理由についても探《さぐ》ってみよう。

総務省統計局《そうむしょうとうけいきょく》の「世界の統計《とうけい》２０２４」によると、世界では一年間に約三十一億ト

新潟県十日町市星峠《にいがたけんとおかまちしほしとうげ》の棚田《たなだ》。日本では、平野部だけでなく、山間部にも美しい水田風景が広がる。

ンの穀類《こくるい》を生産している。そのうち、日本人の主食である「米」は、年間生産量が約七億九千万トン。約九割《わり》がアジアの国々《くにぐに》で生産され、中国とインドで世界全体の半分以上を占《し》めている。生産量の多い順に、中国、インド、バングラデシュ、インドネシア、ベトナム、タイ、ミャンマー、フィリピン……とつづき、日本の生産量は世界で十二番目。米は自国で消費《しょうひ》することが多く、人口の多い国が生産量も多くなっている。ほとんどが、モンスーン（季節風）の影響《えいきょう》を受けて雨がよく降《ふ》るアジアの国々《くにぐに》だ。

水田を利用した稲作《いなさく》がはじまったのは、今から一万年ほど前。中国の大河《たいが》である長江《ちょうこう》の中流《ちゅうりゅう》域《いき》と下流域《かりゅういき》でおこったと考えられている。日本には、長江下流域《ちょうこうかりゅういき》に広がる江南《こうなん》地方や朝鮮《ちょうせん》半島南部などのアジア各地から伝わり、縄文《じょうもん》時代末期から弥生《やよい》時代にかけて本格《ほんかく》的《てき》な水田稲作《いなさく》がはじまった。

日本をはじめ、東アジアや東南アジアの各地で米が主食となっている理由は、第一に、温暖《おんだん》で湿潤《しつじゅん》な気候が稲作《いなさく》に適《てき》していること。夏の暑さだけでなく、水田には大量の水が必要になるので、水の豊富《ほうふ》な地域《ちいき》というのも大事な条件《じょうけん》だ。つぎに、味にくせがなく、毎日でも食べられること。そして、乾燥《かんそう》させて長期保存《ほぞん》できることも大きい。これらにより、収穫期《しゅうかくき》でなくても一年中、食べることができる。季節を問わず、安定して食べられる米は、アジアの主食ナンバーワンだ。

さて、アジアの多くの国々《くにぐに》で米を食べているのに対して、欧米《おうべい》では「小麦」を主食にしている国が多い。小麦の栽培《さいばい》がはじまったのは一万年ほど前のメソポタミア文明の時代だ。西アジアから、やがてヨーロッパに広がり、中央アジアから中国へと伝わった。いずれも小麦を育てるのに適《てき》した寒冷で乾燥《かんそう》した地域《ちいき》だ。

おもに小麦からつくられるパン。世界にはいろいろな種類のパンがある。

世界の小麦生産量は約七億七千万トン。生産量の多い順に、中国、インド、ロシア、アメリカ、フランス、ウクライナ、オーストラリア、パキスタン、カナダ、ドイツ……とつづく。中国では、気温の高い南部では米を主食にしているが、乾燥《かんそう》して気温の低い内陸部から北部にかけては小麦が主食となっている。たとえば、小麦から麺《めん》や餃子《ぎょうざ》、マントウ（蒸《む》しパン）などをつくる。また、ヨーロッパやアメリカでは小麦からパンを、南アジアのインドやパキスタンではパンの一種のナンやチャパティをつくる。イタリアの主食はパンだが、小麦からつくられるパスタも国民食だ。

このように、米は、粒《つぶ》のまま炊《た》いたり蒸《む》したりして食べられることが多いのに対して、小麦は、いったん粉《こな》にしてから、いろいろな形に加工して食べられるのが特徴《とくちょう》だ。というのも、小麦の表皮は風味が悪いうえ、種子の内側にくいこんでいるため、それをとりのぞく必要がある。長い年月をかけた試行錯誤《さくご》の末に、白い胚乳《はいにゅう》の部分だけを粉《こな》にして利用する技術《ぎじゅつ》が発達してきたのだ。

三大穀物《こくもつ》のなかで、約十二億一千万トンと、もっとも生産量が多いのが「トウモロコシ」だ。アメリカと中国だけで世界の生産量の半分以上を占《し》める。ほかは、ブラジル、アルゼンチン、ウクライナ、インド、メキシコ、インドネシア、南アフリカ……とつづく。ただ、アメリカなどの先進国では、主食というよりも家畜《かちく》の飼料《しりょう》として輸出《ゆしゅつ》されることが多い。トウモロコシの原産地は中南米といわれ、八千七百年前には栽培《さいばい》がおこなわれていたらしい。そのあたりでは、今も主食として食べられている。コロンブスのアメリカ大陸到達《とうたつ》により、十六世紀以降《せいきいこう》はヨーロッパやアフリカにも伝わっていった。

世界各国のおもな作物

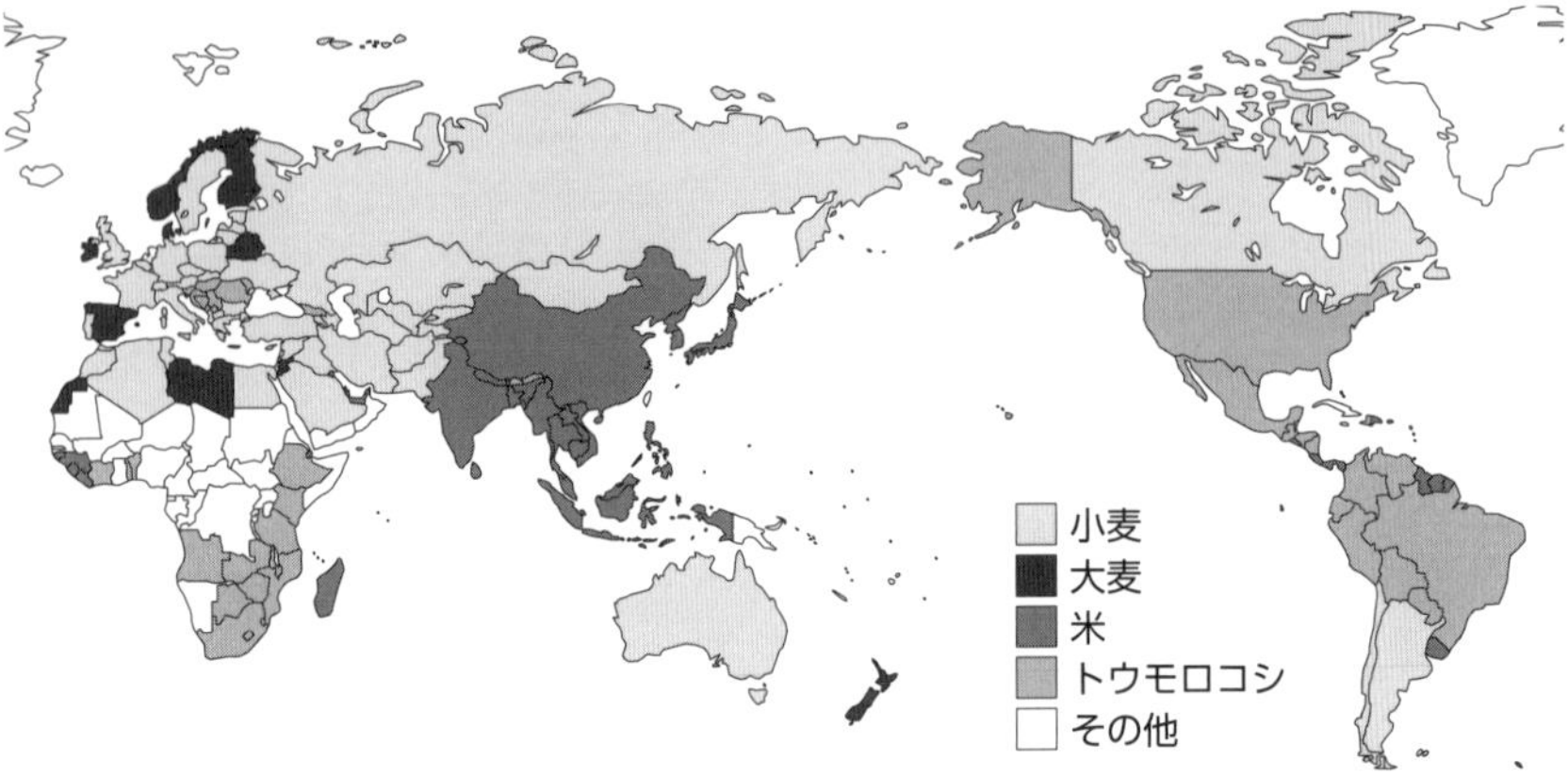

各国で収穫《しゅうかく》面積が最大の穀物《こくもつ》などをしめしている。かならずしもその国の主食をしめしているわけではない。資料《しりょう》：FAOSTAT（2004年）

メキシコの主食はトウモロコシからつくる薄《うす》いパンのトルティーヤだ。トウモロコシの粒《つぶ》をすりつぶして粉《こな》にし、丸くのばして焼いたものである。じつは、トウモロコシを主食とする場合、あるくふうが欠かせない。トウモロコシばかりを食べて、ほかの野菜をとらずにいると、栄養素《えいようそ》のナイアシン（ビタミンB群の一種）が欠乏《けつぼう》して病気になってしまうのだ。それをふせぐのに、あらかじめ石灰水《せっかいすい》などのアルカリ水でゆでるというひと手間が必要になる。こうすることで、ナイアシンを吸収《きゅうしゅう》できるようになるという。大昔にこの方法が発見されたおかげで、中南米の人々《ひとびと》はトウモロコシを主食にすることができたのだ。

世界の多くの国で主食とされている米と小麦、トウモロコシは、いずれも植物の種《たね》だ。もともと野生の植物だったものが少しずつ品種改良されて、各地に広がりながら現在《げんざい》の栽培《さいばい》品種になった。今では一粒《つぶ》の種《たね》から数百粒《つぶ》が収穫《しゅうかく》され、世界の三大穀物《こくもつ》といわれている。

ここまで紹介《しょうかい》してきた三大穀物《こくもつ》以外にも、主食になっている作物はいろいろある。たとえば、ジャガイモを主食としているのが南米にあるペルーの山岳《さんがく》地帯だ。標高が高く、雨がほとんど降《ふ》らない厳《きび》しい気候では、育つ作物がほとんどない。しかし、約七千年前、アンデス原産の高山植物であるジャガイモの栽培《さいばい》がはじまり、今では世界で数千種ものジャガイモが食べられている。このジャガイモがヨーロッパに伝えられ、同じように冷涼《れいりょう》な北欧《ほくおう》や東ヨーロッパでは主食のひとつとなっている。

東アフリカのエチオピアの人々《ひとびと》は、世界でもめずらしい食べ物を主食としている。インジェラというクレープのように薄《うす》く焼いたパンだ。材料は、鉄分を多くふくみ、

エチオピアの主食、インジェラの原料となる穀物《こくもつ》のテフ。

エチオピアでは古くから栽培《さいばい》されているテフというイネ科の穀物《こくもつ》。タンパク質《しつ》やカルシウム、ミネラル、食物繊維《しょくもつせんい》なども豊富《ほうふ》なことから、スーパーフードとして注目を集めている。

北極圏《ほっきょくけん》にあるグリーンランドの土地は氷と雪におおわれ、作物をつくることができない。そこで、人々《ひとびと》はアザラシなどの動物の生肉《なまにく》を主食としてきた。生肉《なまにく》には、タンパク質《しつ》だけでなく、ビタミンが多くふくまれているため、野菜や果物《くだもの》を食べなくても必要な栄養分がとれるのだ。

このように、世界の人々《ひとびと》は、その土地の気候に適《てき》した主食を見つけ、安全においしく食べるためのくふうをこらしながら、ゆたかな食生活をはぐくんできた。わたしたちも、おいしいお米が食べられる毎日に感謝《かんしゃ》しよう。

野菜・果物《くだもの》・花の見え方

食べているのはどこ？ 本当の花はどれ？

ブロッコリーの花。つぼみの一つひとつから黄色い花が咲《さ》く。

ふだん、わたしたちがなにげなく口にしている野菜や果物《くだもの》。食べているのは、植物のどの部分だろう。

こんもりとかたまりになっている野菜といえば、白いカリフラワーと緑のブロッコリー。どちらもアブラナ科のキャベツの仲間で、色はちがうけれど、よく似《に》ている。原産地はヨーロッパの地中海沿岸《えんがん》で、カリフラワーはブロッコリーが突然変異《とつぜんへんい》したものとされている。わたしたちが食べているのは、葉っぱのようには見えないし、実でもなさそう。いったいどの部分だろうか……。

じつは、食べているのは、どちらもつぼみ。正確《せいかく》には、小さいつぼみがたくさん集まった「花蕾《からい》」という部分だ。だから、畑で収穫《しゅうかく》せずにほうっておくと、一つひとつのつぼみが成長してきて、小さい花がたくさん咲《さ》く。

ブロッコリーには紫色《むらさきいろ》をした品種、カリフラワーの一種でイタリアの伝《でん》統《とう》野菜、ロマネスコのように、つぼみが恐竜《きょうりゅう》の背中《せなか》のようにゴツゴツした個性的《こせいてき》なものもある。どれもつぼみを食べる野菜だ。

黄緑色でゴツゴツした見た目のロマネスコ。

カリフラワーにはオレンジ色や紫色《むらさきいろ》の品種もある。また、カリフラ

アーティチョーク。食べ物には見えないが、ヨーロッパではおなじみの野菜だ。

つぼみを食べる野菜で、日本であまり知られていないものにアーティチョークがある。これは、地中海沿岸《えんがん》が原産のキク科の野菜で、和名をチョウセンアザミという。ゆでてから、魚のうろこのようになった部分（がく）を一枚《まい》一枚《まい》手でむき、その根元を歯でこそげるようにして食べる。また、がくの下部（花托《かたく》）も食べる。アーティチョークは、大人《おとな》の手のひらくらい大きいわりに食べる部分は少ないが、初夏の味覚としてヨーロッパで愛されている食材だ。

つぎは地下に育つ野菜に目をむけてみよう。日本料理になくてはならない野菜がレンコンだ。レンコンは、ハスという植物の食べられるところ。それがどの部分かは、漢字で書くとわかりやすい。「蓮根《れんこん》」、つまり蓮《はす》の根。ピンクや白の美しい花を咲《さ》かせるハスの地下茎《ちかけい》が大きく

この美しい花の地下茎《ちかけい》が、泥《どろ》の中で育つレンコン。

なったものだ。レンコンは水中の泥《どろ》の中で育つ。穴《あな》がいくつもあいているのが特徴《とくちょう》で、未来を見通す縁起《えんぎ》のいい食材とされるが、この穴《あな》は空気をとおすための通気口。泥《どろ》の中には酸素《さんそ》が少ないので、呼吸《こきゅう》ができない。そのため、この穴《あな》をとおして、地上の葉から吸収《きゅうしゅう》した空気が送られているのだ。ハスの原産地は中国ともインドともいわれ、世界の熱帯や温帯に広く自生している。

野菜では、レタスやキャベツなど、葉を食べるものも少なくない。ところが、どう見ても葉とは思えないのに、葉を食べている野菜がある。それがタマネギだ。その証《しょう》拠《こ》に、買ってきたタマネギは時間がたつと、玉の中から芽《め》が出てきて、葉が開くように、白くかさなっている部分がどんどん開いてくる。タマネギは、根の上にとても短い茎《くき》があり、そこからのびた葉のつけ根の玉状《たまじょう》の部分が食用になっている。

イチゴの構造《こうぞう》

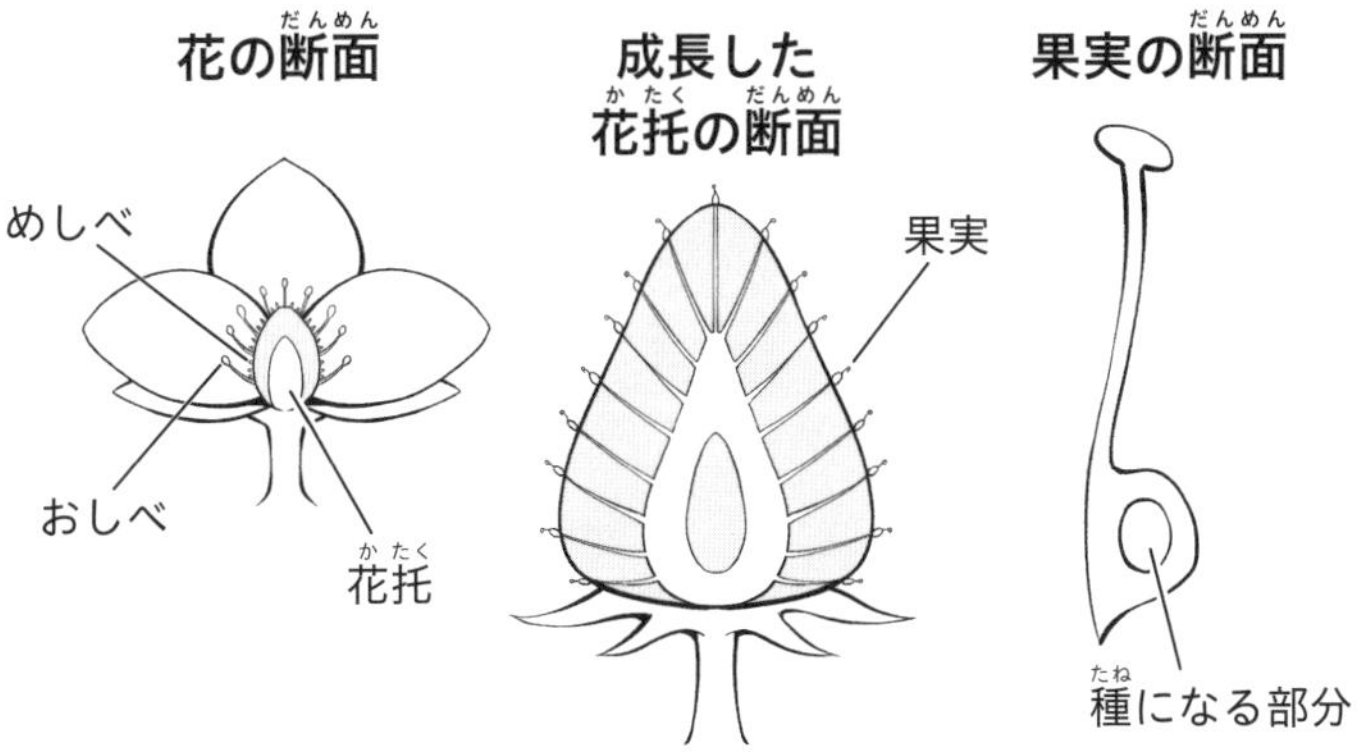

つぎは果物《くだもの》を見てみよう。

よく知っている果物《くだもの》でも、じつは果実を食べているとはかぎらない。たとえば、バラ科のイチゴだ。あの赤いかたまりが果実だと思っているかもしれないが、本当の果実は意外なところにある。

　イチゴの花にはめしべが百本以上あり、それぞれが受粉《じゅふん》すると、めしべの根元がふくらんで、やがて赤く色づく。イチゴとして食べているのは、花托《かたく》とよばれるこの部分だ。では果実はどこにあるかというと、花托《かたく》の表面にあるプチプチしたものがそれだ。これは受《じゅ》粉《ふん》しためしべが成長したもので、果実の一つひとつに種《たね》（種子）が入っている。イチゴは百個《こ》以上の果実が集まった「集合果《しゅうごうか》」といえる。プチプチをピンセットでそっと引《ひ》き抜《ぬ》き、水でぬらしたキッチンペーパーなどにのせて、水をたやさないようにしておくと発芽《はつが》してくるからためしてほしい。

このほか、イチゴと同じバラ科の果物《くだもの》で、リンゴ、ビワなども、食べている部分は果実ではなく、花托《かたく》が変化したものだ。

パイナップル科のパイナップルもイチゴに似《に》た実り方をする。一個《こ》のパイナップルができるのに約百～二百もの花が咲《さ》き、それらが実を結ぶと、表面のカメの甲羅《こうら》のようなものになる。その一つひとつの内側にできるのが黄色い花托《かたく》で、これが果実として食べられる。パイナップルにはブロメラインというタンパク質分解酵素《しつぶんかいこうそ》がふくまれており、原産地の南アメリカや、中央アメリカの先住民の人たちは、消化器系《しょうかきけい》などの病気の治療《ちりょう》にもちいていたという。

さて、花のなかにも、花に見えて花ではないものがある。たとえば、梅雨《つゆ》の時期に花を咲《さ》かせるガクアジサイで、花のように見えるのはがくが変化したものだ。がくを

装飾花《そうしょくか》と両性花《りょうせいか》を持つアジサイ。周囲《しゅうい》に花びらのように見えるのが装飾花《そうしょくか》、中央部の小さな花が両性花《りょうせいか》。

大きく目立たせることで虫をさそっていると考えられ、このがくは装飾花《そうしょくか》といわれる。おしべとめしべのある本当の花（両性花《りょうせいか》）はもっと小さく、中央部分にまとまって咲《さ》いている。ガクアジサイは日本原産で、平安《へいあん》時代につくられた和歌集『万葉集《まんようしゅう》』では紫陽花《あじさい》として詠《よ》まれている。それを品種改良したものがホンアジサイで、丸い花のかたまりのすべてが装飾花《そうしょくか》だ。ホンアジサイでも、装飾花《そうしょくか》をかき分けてみると、その奥《おく》に小さな両性花《りょうせいか》を見つけることができる。

最後に、ある虫と特別な関係にある果物《くだもの》の話をしよう。

無花果と書いて「イチジク」と読む。その字のとおり、イチジクは花が咲《さ》かないように見えるが、じつは果実の内部に咲《さ》く。イチジクは、集合果《しゅうごうか》ではなく多花果《たかか》で、果実をわると、中に赤いもやもやしたものがたくさんあり、その一つひとつが花なのだ。果実の中に咲《さ》くため、虫の目を引く必要がなく、それで花びらもない。イチジクにはオスの木とメスの木があり、体長二ミリほどのイチジクコバチというハチだけが、オスの木からメスの木へと花粉《かふん》を運ぶ。そのおかげで、イチジクは受粉《じゅふん》して果実がなり、イチジクコバチはイチジクの果実の中に卵《たまご》をうんで命をつないでいく。こうやってイチジクとイチジクコバチは、助けあって進化してきた。世界には約七百五十種ものイチジクがあり、それぞれに対応《たいおう》するイチジクコバチの仲間がいるのだとか。花が果実の中にかくれているからこそ、特定の虫だけと協力しあうことができるのだ。

ところで、日本で栽培《さいばい》されているイチジクは、受粉《じゅふん》しなくても果実をつけることのできる種類だ。買ったイチジクからハチの卵《たまご》が出てくることはないので、安心して食べてほしい。

イチジクの中にある赤いもやもやした部分が花のかたまり。

天候に左右されない植物工場

地球を救《すく》う次世代の農業

　夏の日照りや洪水《こうずい》、冷害など、農業は自然環境《かんきょう》の変化の影響《えいきょう》をまともに受けてしまう。台風の季節になると、収穫《しゅうかく》間近のイネがたおされないか、畑が水びたしになってしまわないか、ビニールハウスが飛ばされないかなど、農家の人たちの心配はつきない。人々《ひとびと》は、つねに天気の変化に気をくばりながら自然と折りあいをつけてきた。こんな、人間の力ではどうにもならない自然条件《じょうけん》を、やすやすとのりこえる農業のスタイルが「植物工場」だ。

　植物工場とは、建物の内部に自然環境《かんきょう》と似《に》た状態《じょうたい》をつくって、野菜や果物《くだもの》、花などを育てる施設《しせつ》のこと。日光のかわりとなる照明、温度、湿度《しつど》、二酸化炭素《にさんかたんそ》の濃度《のうど》、養

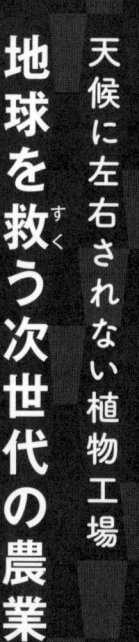

レタスを生産する植物工場の内部。

分、水などを、植物に適《てき》した状態《じょうたい》にすることで、季節や天気に左右されずに育てることができる。異常気象《いじょうきしょう》や天候不順も気にせず、好きな季節に種《たね》まきや収穫《しゅうかく》の時期を決め、必要な量を適切《てきせつ》なタイミングで、計画的に生産することができるのだ。

植物工場は土を使わない水耕栽培《すいこうさいばい》で育てることが多く、土から発生する病原菌《びょうげんきん》や害虫の心配がない。屋内なので、外から病原菌《びょうげんきん》や虫が入ることもない。また、同じ作物を同じ土でくりかえし育てた場合に生育が悪くなる「連作障害《れんさくしょうがい》」も、水耕栽《すいこうさい》培《ばい》なら起こらない。病気や虫食いのないきれいな作物は、植物工場ではあたり前になっている。農薬がいらないので、生産にかかる費用《ひよう》がおさえられ、なにより安全だから、わたしたち消費者《しょうひしゃ》にとってもありがたい。

さらに、光の量や温度、肥料《ひりょう》などを調整することにより、作物の栄養成分をコントロールできるのも植物工場の利点だ。見た目の美しさだけでなく、栄養価《えいようか》の面でも、価値《かち》のある作物を生産することができる。そして、場所を選ばないという点は、植物工場の大きな特徴《とくちょう》といえる。広大な土地が必要ないので、どこにでも工場が建設《けんせつ》でき、都会のせまい空間でも、栽培用《さいばいよう》のたなを上下にかさねる「垂直栽培《すいちょくさいばい》」で、十分な量の作物がつくれる。大きな消費地《しょうひち》やその近くに工場をつくれば、短時間で新鮮《しんせん》な作物を出荷できるし、輸送費《ゆそうひ》も輸送時《ゆそうじ》に発生する二酸化炭素《にさんかたんそ》も少なくてすむ。

さて、どこにでも設置《せっち》できる植物工場とはいえ、まさか東京の地下空間で野菜がつくられているとは、だれも思わないだろう。地下鉄を運営《うんえい》する東京メトロがつくった植物工場は、なんと、東西線（東京都中野区《なかのく》から千葉県船橋市《ちばけんふなばしし》を結ぶ鉄道）の高架下《こうかした》にある。地下の使っていないスペースでレタスやベビーリーフなどを育て、一日に数百株《かぶ》をホテルやレストランに出荷している。清潔《せいけつ》な環境《かんきょう》でつくられるため、病気や虫の心配もなく、年間をとおして安定して生産できているという。

同じように都市近郊《きんこう》で、無農薬、新鮮《しんせん》、そして輸送距離《ゆそうきょり》ゼロを実現《じつげん》したのが、食料品店の店内で野菜やハーブを育てる小さな植物工場だ。ドイツでうまれたこのスタイルは、東京のいくつかの食料品店で取り入れられている。ＬＥＤ照明と水耕《すいこう》・垂直栽培《すいちょくさいばい》により、小さいスペースで大きい収穫量《しゅうかくりょう》をあげ、水も少ししか使わないという。店内で収穫《しゅうかく》したものをその場で販売《はんばい》できるため、鮮度《せんど》と無農薬への安心感で人気が広がっている。

世界の人口は二〇五〇年には九十八億人に達すると見こまれ、食料不足や水不足が大きな課題となっている。また、はげしい気候変動によって、世界中で干《かん》ばつや洪水《こうずい》による農業被害《ひがい》がふえている。そんななか、植物工場はこれからの農業を切り開いていけるのだろうか。海外の植物工場に目をむけてみよう。

アメリカのニュージャージー州には、イチゴの生産で世界最大という植物工場がある。この会社は日本人がアメリカで創業《そうぎょう》し、一年中、日本うまれの甘《あま》くておいしいイ

イチゴの生産では世界最大というアメリカの巨大《きょだい》植物工場の内部。コンピューター制御《せいぎょ》されたロボットが熟《じゅく》したイチゴだけをつみとっている。

チゴを出荷している。二〇二四年には、新たにニューヨークの近くに世界最大級の植物工場を建設《けんせつ》した。そこではソーラー発電によるクリーンエネルギーと、水の大半を循環《じゅんかん》させるシステムを取り入れている。作物の状態《じょうたい》を管理したり、収穫《しゅうかく》したりするためにロボットを使い、ニューヨークという大消費地《だいしょうひち》に近いので、輸送時《ゆそうじ》に排《はい》出《しゅつ》する二酸化炭素《にさんかたんそ》も最小限《さいしょうげん》におさえられる。エネルギー問題や水問題、環境《かんきょう》問題などまで考えた、まさに次世代型《じせだいがた》の植物工場といえる。

中東のサウジアラビアは、国土の九五％が砂《さ》漠《ばく》におおわれている。石油をたくさん産出するので、国はうるおっているものの、多くの生鮮《せいせん》食品を輸入《ゆにゅう》にたより、深刻《しんこく》な水不足におちいっている。そのような状況《じょうきょう》にあった二〇二三年、首都のリヤドからそう遠くない砂漠《さばく》の真ん中に植物工場が完成した。垂直《すいちょく》栽培《さいばい》を取り入れ、かぎられた面積で最大限《さいだいげん》の収穫《しゅうかく》をめざしている。さらに、工場で使う水の量は、これまでの農業で使っていた量のわずか五%だという。二〇二四年から少しずつ野菜やイチゴの出荷がはじまった。砂漠《さばく》という農業に適《てき》さない土地で、農薬を使わずに、ほんの少しの水で生鮮《せいせん》食品がつくれる植物工場は、中東のほかの国々《くにぐに》からも注目を集めている。

東京の地下空間、食料品店の片《かた》すみ、大都会ニューヨークの近く、そして砂漠《さばく》と、さまざまな場所にある植物工場を紹介《しょうかい》してきた。場所を選ばずに、かぎられた空間で農作物などを育てられるが、その可能性《かのうせい》がさらに広がるところがある。それは宇宙《うちゅう》だ。将来《しょうらい》、月や火星などの宇宙《うちゅう》で生活する時代がやってきたとしても、地球から食料を大量に持っていくわけにはいかない。そこで、現地《げんち》で食料を生産するためにJAXA《ジャクサ》（宇宙航空研究開発機構《うちゅうこうくうけんきゅうかいはつきこう》）などがはじめたのが「月面農場」とされるプロジェクトだ。

宇宙《うちゅう》では、ごみも大事な資源《しげん》だ。宇宙《うちゅう》で人間が出すものといえば、呼吸《こきゅう》で排出《はいしゅつ》する二酸化炭素《にさんかたんそ》と、尿《にょう》や便などの排泄物《はいせつぶつ》。これらをリサイクル資源《しげん》として活用するのに、植物工場はとても効果的《こうかてき》といえる。まず二酸化炭素《にさんかたんそ》は、植物が光合成のために吸収《きゅうしゅう》して酸素《さんそ》にかえてくれる。また、排泄物《はいせつぶつ》は微生物《びせいぶつ》によって処理《しょり》をすれば、植物の肥料《ひりょう》として使うことができる。その結果、人間が生きるのに必要な食料の生産もできるのだ。

月面農場が成功すれば、月を起点としてさらに火星へと夢《ゆめ》が広がっていく。宇宙《うちゅう》生活に欠かせない植物工場を研究するため、二〇二三年には千葉大学で宇宙《うちゅう》園芸研究センターが立ちあげられた。NASA《ナサ》（アメリカ航空宇宙局《こうくううちゅうきょく》）やESA《イーサ》（欧州宇宙《おうしゅううちゅう》機関）でも、研究や技術《ぎじゅつ》開発がさかんに進められている。

宇宙《うちゅう》で生活するために資源《しげん》をむだなく利用していく技術《ぎじゅつ》は、リサイクルの究極の形といえる。その核《かく》となるのが植物工場だ。宇宙《うちゅう》開発でつちかった技術《ぎじゅつ》は、そのまま地球にもあてはめられる。植物工場は近い将来《しょうらい》、宇宙《うちゅう》生活だけでなく、異常気象《いじょうきしょう》や食料《しょくりょう》難《なん》、水不足などの問題に直面する地球を救《すく》うカギにもなるかもしれない。

種《たね》の驚《おどろ》くべき品種改良

代々《だいだい》つなぐ固定種と一代かぎりのF1《エフワン》

野菜や果物《くだもの》などの農作物は、長い年月をかけて少しずつ、形や味がよくて、病気や害虫に強い品種に改良されてきた。それらは改良のしかたによって、固定種と交配種（F1《エフワン》）の二種類に分けられる。

受粉《じゅふん》を虫や風にまかせ、実ができたら種《たね》をとって、つぎの年になったらその種《たね》をまく。こういった自然のサイクルで、同じ品種の種《たね》をつないできた農作物が「固定種」だ。とくにおいしい株《かぶ》やじょうぶな株《かぶ》、色や形のいい株《かぶ》の種《たね》をえりすぐってとることで、結果的に少しずつ品種改良をかさねてきた。農薬や化学肥料《ひりょう》のない時代から受けつがれてきた農作物では、病気や害虫に強いものもある。そうやって時間をかけて、その土地の環境《かんきょう》に適応《てきおう》した種《たね》になっていく。たまに育ちの悪いものもあり、品質《ひんしつ》には

交配種（F1《エフワン》）ができる仕組み

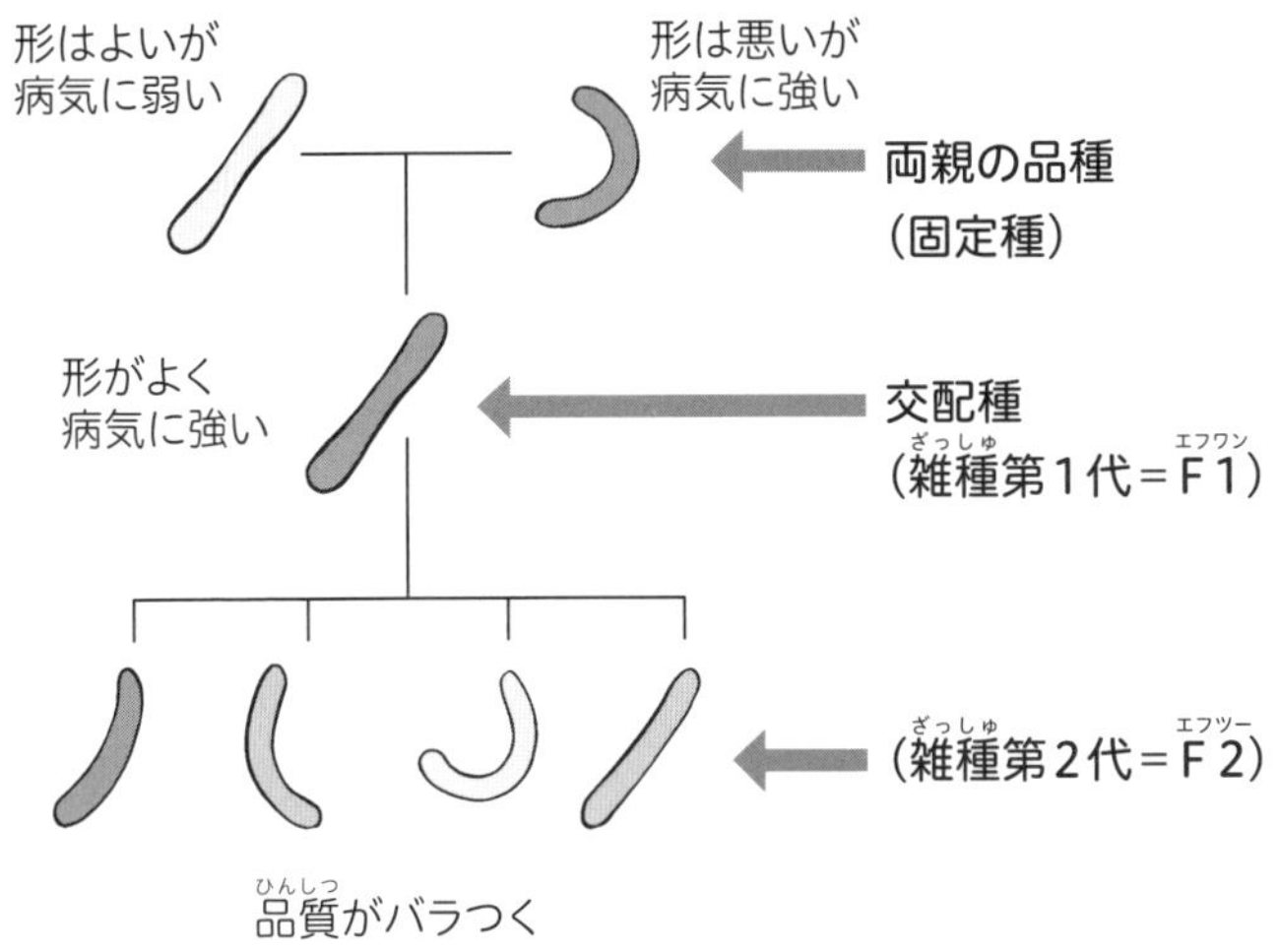

バラつきがある。収穫《しゅうかく》時期もバラバラだが、そのぶん、長い期間とりつづけることができる。家で食べるときも、一度に大量にできるよりもつごうがいい。最初に種《たね》を買ったあとは、農家の人たちが自分で種《たね》をとり、つぎの年へとつないでいく。いい作物をつくるために、何代にもわたり種《たね》を大切にあつかってきたのが固定種だ。

これに対して、異《こと》なる特徴《とくちょう》を持つ固定種同《どう》士《し》をかけあわせたものが「交配種」で、「F《エフ》1《ワン》」（雑種《ざっしゅ》第一代）ともいう。F1《エフワン》は、「形や性質《せいしつ》の異《こと》なる親同士《おやどうし》をかけあわせると、つぎの代（第一代）には両方のよい性質《せいしつ》があらわれる」というメンデルの法則《ほうそく》を利用している。たとえば、形はいいけれど病気に弱いキュウリと、形は悪くても病気に強いキュウリをかけあわせると、形がよくて病気に強いキュウリができる。色や形、食味、収穫量《しゅうかくりょう》、病気や害虫に対する強さなど、いろいろな性質《せいしつ》によるかけあわせ方ができるので、今ではほとんどの農作物で、この技術《ぎじゅつ》がもちいられている。ただし、できたF1《エフワン》同士《どうし》をかけあわせてうまれた孫世代（第二代）以降《いこう》は、安定した収穫《しゅうかく》ができずに品質《ひんしつ》がバラついてしまう。親と同じ性質《せいしつ》を持つ農作物がとれないのだ。そのため、固定種のように種《たね》を代々《だいだい》つないでいくことはできない。

さて、F1《エフワン》のよい点をあらためてあげてみよう。まず、品質《ひんしつ》がそろっていること。さらに、種《たね》をまいたあとはバラつきなく同じように成長すること。発芽《はつが》の時期も収穫《しゅうかく》の時期もそろっていて、栽培《さいばい》計画が立てやすいこと。また、成長が早く、ナスやキュウリなどの実のなる作物では、雌花《めばな》の多い種《たね》をつくって収穫量《しゅうかくりょう》をふやせる。さらに、メロンやスイカの糖度《とうど》をあげるなどの味の調整ができ、特定の病気や害虫に強い作物をつくることもできる。

食料品店の野菜コーナー。出荷するときも、店にならべるときも、野菜の形や大きさがそろっていると便利だ。

農作物の流れで見てみると、まず農家が作物を育て、それを収穫《しゅうかく》して出荷する。それから販《はん》売店《ばいてん》に輸送《ゆそう》し、店にならべ、一般客《いっぱんきゃく》やレストランなどが仕入れて調理する。この流れのすべてで人間のつごうにあわせようとすると、じょうぶで育てやすく、一度にたくさん収穫《しゅうかく》でき、出荷するときに箱や袋《ふくろ》につめやすいように、大きさや形、色、品質《ひんしつ》がそろっていて、輸送中《ゆそうちゅう》もいたみにくく、店でも購入後《こうにゅうご》も日持ちし、一年中食べられ、家庭やレストランなどでは調理しやすいのが理想だ。とてもわがままなように思えるが、これらすべてを実現《じつげん》してくれるのがＦ１《エフワン》ということになる。作業のむだをへらすことのできるF1《エフワン》は、大量生産、大量消費《しょうひ》に対応《たいおう》した品種といえる。農家では効率化《こうりつか》が進み、消費者《しょうひしゃ》は、形のそろった野菜や果物《くだもの》を一年をとおして、いつでも食料品店で買うことができるようになった。

いいことばかりのように思えるが、F1《エフワン》の最大の欠点は、種《たね》をとってもつぎの世代（第二代）からは品質《ひんしつ》が安定しないこと。だから、種《たね》は毎年、種苗《しゅびょう》メーカーから買わなくてはならない。以前は自分の畑で代々《だいだい》、種《たね》をとってきた農家にとって、F1《エフワン》の利用は大きな出費《しゅっぴ》だ。しかし一方で、種苗《しゅびょう》メーカーにとっては商売のビッグチャンスとなる。毎年、大量の種《たね》をつくって売れるようになったからだ。

F1《エフワン》の開発にはたいへんな手間と費用《ひよう》がかかり、種《たね》の値段《ねだん》は種苗《しゅびょう》メーカーにゆだねられている。農家はメーカーが決めた値段《ねだん》で種《たね》を買うことになるので、「種《たね》を制《せい》する者は世界を制《せい》す」とまでいわれた。さらに、世界では遺伝子組《いでんしく》み換《か》え作物の需要《じゅよう》が爆《ばく》発的《はってき》にふえている。同じ生物種の異《こと》なる親同士《おやどうし》をかけあわせるF1《エフワン》とはちがい、遺伝《いでん》子組《しく》み換《か》えは、植物に昆虫《こんちゅう》の遺伝子《いでんし》を組みこむなど、生物種の壁《かべ》を越《こ》えて遺伝子《いでんし》を操《そう》作《さ》する。この技術《ぎじゅつ》によって、除草剤《じょそうざい》や害虫に強い作物がつくりだされてきた。分子生物学や応用《おうよう》科学などの分野で技術革新《ぎじゅつかくしん》が進み、種苗《しゅびょう》メーカーはつぎつぎに大手の化学・医薬品企業《きぎょう》と合体している。遺伝子組《いでんしく》み換《か》え作物の種《たね》で約九割《わり》の世界シェアを持っていたのが、アメリカ最大の農薬・種苗《しゅびょう》メーカーであるモンサントだ。ドイツの大手製薬会社《せいやくがいしゃ》バイエルは、そのモンサントを二〇一八年に買収《ばいしゅう》し、世界最大の種苗《しゅびょう》メーカーになった。世界の農業は、いまや多国籍企業《たこくせききぎょう》によって支配《しはい》されつつあるのだ。遺伝子組《いでんしく》み換《か》えについては安全性《あんぜんせい》への不安から、国内ではまだ商業的な栽培《さいばい》は進んでいない。そんななか、日本の農業はF1全盛《エフワンぜんせい》となっている。それでは、固定種よりもF1《エフワン》のほうがすぐれているように思えるが、いちがいにそうともいえない。固定種はF1《エフワン》にくらべると、形や大きさ、収穫量《しゅうかくりょう》も安定しないので、栽培《さいばい》計画が立てにくい。そのかわり、野菜や果物《くだもの》の本来の個性《こせい》や季節感を楽しむことができる。味や風味が均《きん》一《いっ》にそろったF1《エフワン》とはちがい、とれた時期や場所による味のちがいも楽しむことができる。そのため、食に関心の高い農家や消費者《しょうひしゃ》、料理人からは、むしろ固定種のほう

加賀《かが》レンコン、源助《げんすけ》ダイコンなど、金沢《かなざわ》に古くから伝わる伝統《でんとう》野菜。

が注目されている。また、日本は四季のある国で、夏はキュウリやナス、オクラ、冬は大根やカブ、白菜などと、季節ごとに旬《しゅん》を迎《むか》える野菜や果物《くだもの》が楽しめる。こういった季節感は、一年中同じものがとれるF1《エフワン》が一般的《いっぱんてき》になったことで、便利さとひきかえにわたしたちが失ったものだ。

固定種には、その土地で昔から受けつがれてきた在来種《ざいらいしゅ》が少なくない。たとえば、石川県金沢市《いしかわけんかなざわし》の加賀《かが》レンコンや、群馬県下仁田町《ぐんまけんしもにたまち》の下仁田《しもにた》ネギなどのような伝統《でんとう》野菜は、地域独自《ちいきどくじ》の野菜として愛されてきた。全国に残るこれらの伝統《でんとう》野菜や果《くだ》物《もの》を守っていくことも、これからの固定種にとって大事な役目になるだろう。

デンジャラスな植物

あの手この手の生存戦略《せいぞんせんりゃく》

生き物にとって、植物はなくてはならない存在《そんざい》だ。ところが、毒《どく》があって食べられない、さわるとかぶれるなど、世界には危険《きけん》な植物もたくさんある。これらはすべて、植物が生き残るための生存戦略《せいぞんせんりゃく》なのだ。想像《そうぞう》を超《こ》えたあぶない植物をいくつか紹介《しょうかい》しよう。

種《たね》や果実が衣服や動物の体にくっついて、いろいろなところに運ばれて繁殖域《はんしょくいき》を広げるのが「ひっつき虫」といわれる仲間。オナモミ（写真は145ページ）などはブローチにしたり、いたずらで友だちにくっつけたりとかわいいものだが、なかにはたいへん危険《きけん》なひっつき虫がある。

もっとも凶暴《きょうぼう》とされるのが、その名も「ライオンゴロシ（ライオン殺《ごろ》し）」だ。アフリカ南部の砂漠《さばく》地帯に生育するゴマ科の植物で、かたい実の本体は長さ五センチくらい。実にはするどいトゲが何本かあって、トゲには釣《つ》り針《ばり》のようなカエシがついている。

ライオンゴロシのトゲにはおそろしいカエシがついている。このカエシがひっかかって抜《ぬ》けない。

一度刺《さ》さったら簡単《かんたん》には抜《ぬ》けないし、何よりもひどく痛《いた》そうだ。ゾウやサイなどの大型《おおがた》動物がこれを踏《ふ》むと、足の裏《うら》に刺《さ》さるので、痛《いた》さではげしく動きまわる。その衝撃《しょうげき》でかたい実がわれ、中から種《たね》が出て繁殖域《はんしょくいき》を広げるというしかけだ。これがライオンの体にくっついた場合、口で取ろうとするとトゲが口に刺《さ》さる。痛《いた》いからもがくが、もがけばもがくほど、口に食いこんでいく。獲物《えもの》を食べることも水を飲むこともできなくなり、やがて、たった一個《こ》のひっ

ツノゴマの仲間の花と実。花はかわいいが、実はけっして踏《ふ》みたくない。

つき虫のために、ライオンは飢《う》えて死んでしまう。おそるべし、ライオンゴロシ。

同じひっつき虫の仲間で、ライオンゴロシに負けず劣《おと》らず凶暴《きょうぼう》なのが「キバナツノゴマ」の実だ。南アメリカ原産のツノゴマ科の植物で、名前のとおり黄色い花を咲《さ》かせる。その実には、かわいらしい花からは想像《そうぞう》もできないほど大きな二本のトゲがついていて、デビルズ・クロウ(悪魔《あくま》のかぎづめ)という、ありがたくない別名までつけられている。実の長さは十五センチもあり、草むらなどで、この実を気づかずに踏《ふ》んでしまうと、足首に突《つ》き刺《さ》さって痛《いた》い思いをする。そのため、タビビトナカセ(旅人泣かせ)

ともよばれている。動物に刺《さ》さった場合は、そのまま遠くへ運ばれて繁殖域《はんしょくいき》を広げる。つまり、トゲはそのための策略《さくりゃく》なのだ。

キバナツノゴマは、茎《くき》や葉にネバネバした毛がはえていて、においにつられてやってきた虫がとまると、くっついてはなれられなくなる。そのため、消化の仕組みはよくわかっていないが、食虫植物の一種とされている。

一見、普通《ふつう》の草花のようだが、けっしてさわってはいけない植物がある。中央アジア原産の「ジャイアント・ホグウィード」だ。セリ科で、和名をバイカルハナウドといい、成長すると高さ四メートル以上にもなる。白い小花をたくさんつけるため、観賞用《かんしょうよう》として十九世《せい》紀《き》末からイギリスやアメリカに持ちこまれたが、野生化してヨーロッパ、カナダ南部、アメリカに定着した。

樹液《じゅえき》が危険《きけん》なジャイアント・ホグウィード。

気をつけなければいけないのは、この植物の樹液《じゅえき》だ。じゃまだからといって、素手《すで》で茎《くき》や葉を折ろうとすると、樹液《じゅえき》が手についてしまう。ついた部分が日光にあたると、ひどいやけどを引き起こすのだ。水ぶくれができて赤くはれるだけでなく、傷跡《きずあと》は何か月も残る。なおったあとも黒い斑点《はんてん》となり、その部分は何年も日光に対して敏感《びんかん》になるという。気軽にさわれないばかりか、繁殖力《はんしょくりょく》が強く、周辺の植物を枯《か》らすことでも問題になっている。

なお、和名の最後に「ハナウド」とついているが、日本の山菜《さんさい》として知られるウドとは別物だ。ウドはウコギ科で、さわっても食べてもだいじょうぶなので安心してほしい。

つぎに紹介《しょうかい》するのは世界最強ともいわれる有毒《ゆうどく》植物。紫色《むらさきいろ》を中心に、白や黄色、ピンクなどの美しい花を咲《さ》かせる「トリカブト」だ。北半球の温帯より北に広く分布《ぶんぷ》し、日本には三十種ほどが自生している。中国から伝わった舞楽《ぶがく》で、頭にかぶる鳥兜《とりかぶと》に花の形が似《に》ていることから名前がつけられた。日本全国で見られるこの植物は、花から

トリカブトの花は可憐《かれん》だが、花から根まで、すべてに猛毒《もうどく》を持っている。

茎《くき》、葉、根まで、植物全体が毒《どく》を持っている。花粉《かふん》にまで毒《どく》があるので、見つけても絶対《ぜったい》にさわってはいけない。また、芽《め》にも毒《どく》があり、春に山菜《さんさい》のニリンソウやモミジガサとまちがえて食べた人が、中毒症状《ちゅうどくしょうじょう》を引き起こす事故《じこ》がよく起こっている。

毒《どく》のおもな成分はアルカロイドで、これはフグのテトロドトキシンにつぐ猛毒《もうどく》だ。とくに根に多くふくまれ、あやまって食べてしまうと、まず舌《した》がしびれ、やがて、そのしびれが全身に広がって呼吸困難《こきゅうこんなん》となり、いずれ死にいたる。毒性《どくせい》が強いため、古くから毒矢《どくや》などに利用されてきた。ところで、アルカロイドは長時間加熱

キョウチクトウは、花や葉など、植物全体に毒《どく》があるので、けっしてさわってはいけない。

すると毒性《どくせい》がほとんどなくなるので、毒矢《どくや》で射《い》止《と》めた動物でも、煮炊《にた》きすれば肉を食べられるようになる。そのため、北海道の先住民であるアイヌの人々《ひとびと》は、トリカブトの毒矢《どくや》で狩《か》りをしたという。

毒《どく》はまた薬にもなる。中国やチベットでは、トリカブトの根を逆《ぎゃく》に薬として利用してきた。日本でも、オクトリカブトとカラトリカブトが薬用とされているそうだ。

最後は、とても身近な木「キョウチクトウ」の話だ。街路樹《がいろじゅ》として、また公園などで白やピンクの花を咲《さ》かせ、校庭に植えられている学校もあるかもしれない。この木は日本のあちこちに植えられているのだが、じつは花から葉、枝《えだ》、幹《みき》、根まですべてに毒《どく》がある。花や葉を取ったり、幹《みき》に手をふれたりしただけで肌《はだ》が炎症《えんしょう》を起こしてしまうという。また、切った枝《えだ》や葉を燃《も》やすと有毒《ゆうどく》ガスが発生し、それを吸《す》うと下痢《げり》や嘔吐《おうと》、心臓麻痺《しんぞうまひ》などの症状《しょうじょう》を引き起こす。そのため、枝《えだ》を切るときは注意が必要だし、切った枝《えだ》は絶対《ぜったい》に燃《も》やしてはいけない。処分《しょぶん》するときは、自治体の指示《しじ》にしたがってほしい。

こんなにあぶない木なのに、なぜ街路樹《がいろじゅ》などで人気かというと、夏の暑さや乾燥《かんそう》、大気汚染《おせん》などに強いからだとか。生命力にあふれる木なのだ。それを象徴《しょうちょう》するエピソードが広島県広島市《ひろしまけんひろしまし》に残っている。第二次世界大戦末期の一九四五年八月六日、広島市《ひろしまし》に世界初の原子爆弾《げんしばくだん》が落とされた。あたり一帯が焦土《しょうど》と化し、放射能《ほうしゃのう》の影響《えいきょう》で七十五年間は草木もはえないといわれた。その焼け野原で、いち早く咲《さ》いたのがキョウチクトウの花だった。懸命《けんめい》に立ち直ろうとしていた人々《ひとびと》に生きる希望をあたえた花は今、広島市《ひろしまし》の花として親しまれている。

被害《ひがい》をおよぼす外来種

すごい繁殖力《はんしょくりょく》で生態系《せいたいけい》をおびやかす植物たち

同じ地域《ちいき》に生息するさまざまな生き物が、長い時間をかけて、食べたり食べられたり、ふえたりへったりしながら、微妙《びみょう》なバランスをたもっているのが生態系《せいたいけい》だ。生き物の何かがいなくなっても、また、何かがくわわっても、バランスは簡単《かんたん》にくずれてしまう。その原因《げんいん》が台風や日照りなどの自然によるものならしかたがないが、人によるものだとしたらどうだろうか。

人間の活動によって、また人間が原因《げんいん》となって、もともとそこにいなかったのに、外国や国内の別の地域《ちいき》から入ってきた生き物を「外来種」という。これに対して、もとからいる生き物は「在来種《ざいらいしゅ》」だ。風や海流に乗って運ばれてくる場合は、自然の力によるものなので、外来種とはいわない。

明治時代《めいじじだい》以降《いこう》、人間の移動《いどう》や物流がさかんになるにつれて、日本の外来種もふえていった。多くの動物や植物が輸入《ゆにゅう》されたほか、荷物などにまぎれこんだり、カバンや衣服にくっついたりして、知らないあいだに持ちこまれたものもある。外来種といっても、まわりにあまり影響《えいきょう》をあたえず、地域《ちいき》に順応《じゅんのう》する生き物もいる。しかし一方で、自然環境《かんきょう》に大きな影響《えいきょう》をあたえ、生物《せいぶつ》の多様性《たようせい》をおびやかすものがある。このような外来種を、とくに「侵略的外来種《しんりゃくてきがいらいしゅ》」という。そのなかでも、生態系《せいたいけい》や、人の生命・身体、農林水産業に被害《ひがい》をおよぼすものについては、外来生物法で「特定外来生物」に指定し、国がとりあつかいを規制《きせい》している。

では、被害《ひがい》をおよぼす外来種の植物とは、どんなものだろう。

秋になると、空《あ》き地《ち》や土手、休耕地《きゅうこうち》などで一面に黄色い花を咲《さ》かせるのが「セイタカアワダチソウ」だ。明治時代《めいじじだい》、観賞用《かんしょうよう》として北アメリカから持ちこまれ、第二次世界大戦後、急速に全国へと広がった。繁殖力《はんしょくりょく》が強く、侵略的外来種《しんりゃくてきがいらいしゅ》に指定されている。

空《あ》き地《ち》などに群生するセイタカアワダチソウ。

風によってたくさんの種《たね》が広く飛ばされるほか、地下茎《ちかけい》からも再生《さいせい》するため、刈《か》り取《と》ってもどんどんふえていく。さらに、アレロパシー物質《ぶっしつ》という強力な武器《ぶき》を持っている。この化学物質《ぶっしつ》を地下茎《ちかけい》から放出することで、まわりの植物の生育をじゃまするのだ。これによって、セイタカアワダチソウは日本中で大繁殖《だいはんしょく》していった。ところが、ほかの植物がはえなくなると、今度は自分が出したアレロパシー物質《ぶっしつ》で、自分の生育をじゃまするという事態《じたい》におちいった。その結果、一時のいきおいを失い、今では在来《ざいらい》植物との共存《きょうぞん》が進んでいる。

農業用の水路やため池、川などで問題となっ

水面が見えないほど広がったホテイアオイ。

ているのが、南アメリカ原産の水草「ホテイアオイ」だ。明治《めいじ》時代の中期に輸入《ゆにゅう》されてから野生化し、今では北海道をのぞく日本全域《ぜんいき》に分布《ぶんぷ》する侵略的《しんりゃくてき》外来種だ。ホテイアオイが水面をおおうと、日光が水中までとどかず、ほかの植物の光合成をさまたげる。また、水中の酸素《さんそ》が不足するうえ、水温や水質《すいしつ》も低下し、水辺に生きるさまざまな生き物の生育をじゃまする。繁殖《はんしょく》力《りょく》が強く、横に茎《くき》をのばしてつぎつぎと子株《こかぶ》をつくっていくので、気温や日光などの条件《じょうけん》がそろえば、一株《かぶ》から数千の子株《こかぶ》にふえることもあるという。

この迷惑《めいわく》なホテイアオイを、逆《ぎゃく》に役立てようとする取り組みがある。カンボジアで水上生活者が多くくらすトンレサップ湖では、群生したホテイアオイが船のスクリューにからみつくなどして危険《きけん》だった。そこで、岐阜県《ぎふけん》の会社が日本大使館やカンボジアの州政府《しゅうせいふ》と共同して、ホテイアオイからバイオエタノールを製造《せいぞう》して燃料《ねんりょう》とするほか、それをもとにクラフトジンというアルコール飲料を開発したのだ。バイオエタノールとは、生物の資源《しげん》からつくる二酸化炭素《にさんかたんそ》の排出量《はいしゅつりょう》が少ないエコ燃料《ねんりょう》のこと。トンレサップ湖のホテイアオイからは、日本のNGOが主導《しゅどう》して、バッグなどの手工芸品をつくる産業も広がっている。やっかいな外来種を、人や地球のために利用したよい例といえるだろう。

つぎは、さらに強力な繁殖力《はんしょくりょく》を持つ外来植物だ。南アメリカ原産の「ナガエツルノゲイトウ」は、川や池、水路、水田などで大群落となって水面をおおってしまう。種《たね》をつけないかわりに、ちぎれやすい茎《くき》や根からどんどん芽《め》を出してふえていくのが、この外来種の生存戦略《せいぞんせんりゃく》だ。乾燥《かんそう》に強いので、水辺だけでなく、田んぼやあぜ、畑などの陸地にも侵入《しんにゅう》する。さらに、トラクターなどにちぎれた茎《くき》がつくと、移動《いどう》するにつ

ナガエツルノゲイトウの繁殖《はんしょく》

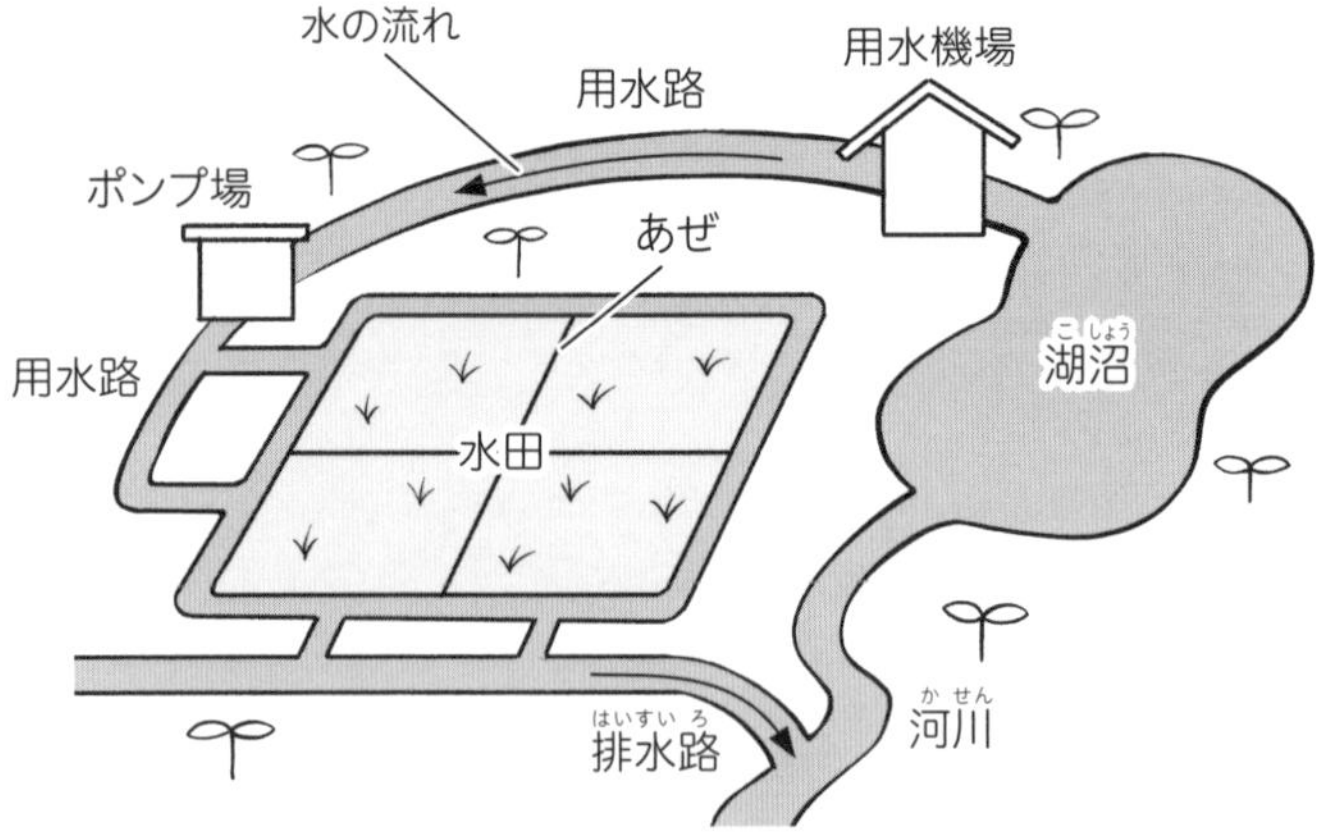

ナガエツルノゲイトウは、田畑に水を取り入れるためのかんがい設備《せつび》をつうじて侵入《しんにゅう》し、どんどん拡散《かくさん》していく。

千葉県《ちばけん》の河川《かせん》の岸に繁殖《はんしょく》したナガエツルノゲイトウ。

れてほかの農地に拡散《かくさん》してしまう。洪水《こうずい》や川の氾濫《はんらん》などでも繁殖域《はんしょくいき》が広がっていく。どんなチャンスものがさず、水辺から陸へ、そして、また水辺へと、ちぎれた茎《くき》や根が子孫をつないでいくやっかいな植物だ。日本に入ってきたのは一九八九年で、わりと最近だが、そのしぶとい繁殖力《はんしょくりょく》が原因《げんいん》で特定外来生物に指定されている。

ナガエツルノゲイトウと同じく、農業に甚大《じんだい》な被害《ひがい》をもたらしているのが、北アメリカ原産の「アレチウリ」だ。アメリカやカナダから輸入《ゆにゅう》したダイズに種《たね》がまじっていて広まったといわれる。つる性《せい》で育つのがたいへん早く、茎《くき》の長さは五~八メートルにもなる。道ばたや畑、河川敷《かせんしき》など、いたるところで植物に巻《ま》きつき、おおいかぶさって日光をさえぎり、成長をさまたげる。そのため、アレチウリが群生しているところでは、ほかの植物がほとんど育たなくなる。ダイズ畑などでは畑全体をおおいつくし、収穫《しゅうかく》ができなくなるほど、壊滅的《かいめつてき》な被害《ひがい》をもたらしてしまうという。

一株《かぶ》から四千五百~七万八千個《こ》もの種《たね》をつけ、また、抜《ぬ》いても根が残っていれば、何度でもはえてくる。そして翌年《よくとし》、また芽吹《めぶ》いて植物にからみつく。いったんしげっ

アレチウリにおおいつくされ、下に何がはえているのかわからない。

てしまうとふせぐのがたいへんむずかしいため、特定外来生物に指定されている。

　アレチウリはアメリカから日本に入ってきたが、反対に、日本からアメリカに持ちこまれた結果、有害雑草《ざっそう》とされた植物がある。つる性《せい》で繁殖力《はんしょくりょく》の強いクズ（68ページ参照）だ。もともと日本では、クズの根からデンプンをとったり、家畜《かちく》のエサにしたりと、さまざまに利用されてきた。

　しかし、十九世紀《せいき》末にアメリカに持ちこまれ、やがて家畜《かちく》のエサや土壌侵食《どじょうしんしょく》をふせぐために植えられて大繁殖《だいはんしょく》。電柱に巻《ま》きついて送電のじゃまをしたり、材木用の木にはいのぼって成長をさまたげ、木材生産に被害《ひがい》をもたらしたりと、さまざまな問題を起こしている。そのため、クズは国際《こくさい》自然保護《ほご》連合（ＩＵＣＮ）がさだめる世界の「侵略的《しんりゃくてき》外来種ワースト100」にも選ばれ、ありがたくない評価《ひょうか》を得《え》ている。

ここで紹介《しょうかい》してきた外来種の植物はどれも繁殖力《はんしょくりょく》が強く、いったん根づくとふせぐのがたいへんむずかしい。そこで、外来種については、まず、よその国や土地から入れないことが大事だ。つぎに、いらなくなってもすてないこと。そして、ほかの地域《ちいき》に広げないこと。貴重《きちょう》な生態系《せいたいけい》を守るために、この三つの基本《きほん》を覚えておきたい。

バイオミメティクスって何？

植物を真似《まね》てものづくりにいかす

ここまで見てきたように、地球上にいる生き物が、それぞれ今のような形や色、能力《のうりょく》を持っているのは、長い年月をかけて環境《かんきょう》に適応《てきおう》し、生き残るために進化をつづけてきた結果だ。一つひとつの形状《けいじょう》や能力《のうりょく》には、はかりしれないほどの意味や知恵《ちえ》がつまっている。それを人間のくらしのなかでものづくりに応用《おうよう》しようとする技術《ぎじゅつ》が「バイオミメティクス」、日本語では生物模倣《もほう》という。模倣《もほう》とは、真似《まね》をすることだ。

たとえば、蚊《か》に血を吸《す》われたとき、ほとんどの場合は気づかないし、痛《いた》くもない。そこで、これをヒントに、刺《さ》しても痛《いた》くない注射針《ちゅうしゃばり》が開発された。このように、生き物のある部分を真似《まね》て、新しいものをつくりだす技術《ぎじゅつ》がバイオミメティクスなのだ。

今では生活のさまざまな場面で見られるが、古くはルネサンス時代の芸術家《げいじゅつか》、レオナルド・ダ・ヴィンチが鳥の翼《つばさ》や羽をヒントに飛行機械を設計《せっけい》するなど、目に見える外見を真似《まね》ることからはじまった。その後、電子顕微鏡《けんびきょう》が登場したことで、生き物をより細かく観察できるようになり、さらに超音波《ちょうおんぱ》や赤外線などを使うことで、目に見えない能力《のうりょく》にまで注目できるようになってきた。

ホ乳類《にゅうるい》から小さな虫まで、さまざまな生き物がバイオミメティクスに応用《おうよう》されているが、ここでは植物からうまれた例を紹介《しょうかい》しよう。

ハスの葉を見たことがあるだろうか。ハスは沼《ぬま》や池にはえるが、泥《どろ》や水がついても大きな葉がよごれることはない。水滴《すいてき》は葉の上をコロコロころがって大きな粒《つぶ》となり、けっして広がっていかないのだ。その理由は、葉の表面が目に見えないほど小さい凹《おう》凸《とつ》で埋《う》めつくされ、しかも水にとけにくいワックスでおおわれているから。葉に落ちた水滴《すいてき》は、丸いままよごれを巻《ま》きこんで大きくなり、やがて葉の外へところがり落ちるわけだ。

このハスのように、凹凸《おうとつ》とワックスによって水をはじく機能《きのう》を「ロータス効果《こうか》」と

ハスの葉の上に落ちた水滴《すいてき》は、よごれを取りながら大きな粒《つぶ》にまとまっていく。

いう。ロータスとは英語でハスのことだ。今では、防水《ぼうすい》加工された衣類やテフロン加工のフライパン、ヨーグルトがつきにくい容器《ようき》のふた、水が残りにくく、よごれも落ちやすい建築塗料《けんちくとりょう》など、ロータス効果《こうか》を応用《おうよう》したさまざまな製品《せいひん》が開発されている。

草むらを歩くと、トゲのある植物の種《たね》が衣服につくことがある。オナモミやヌスビトハギなどの種《たね》で、「ひっつき虫」(125ページ参照)とよばれることもある。このひっつき虫から、世界中のだれもがよく知っているあるものがうまれた。

一九四八年、スイス人のジョルジュ・デ・メストラルさんは、愛犬をつれて山へ狩猟《しゅりょう》に出か

面ファスナーの仕組み

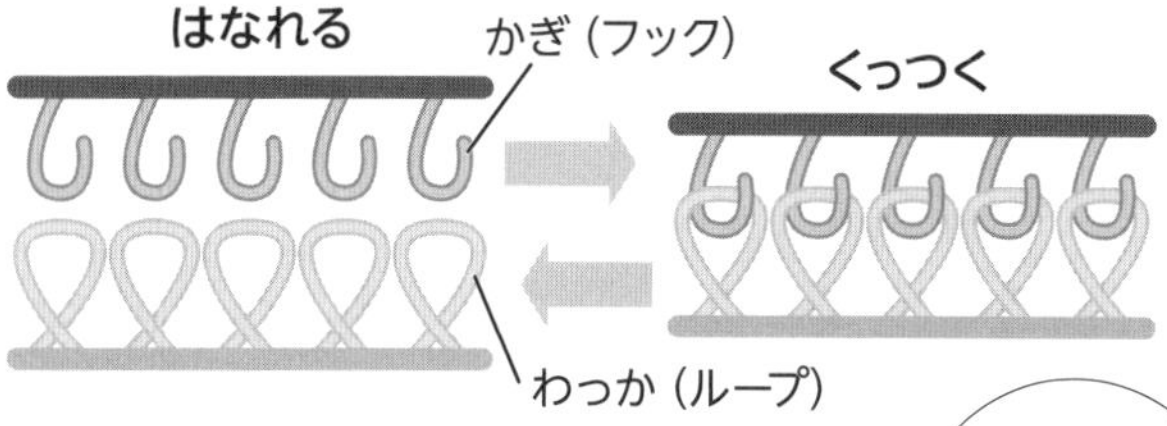

かぎがわっかにひっかかり、はずれにくくなる。

オナモミは身近なひっつき虫の代表。トゲの先がかぎ状《じょう》になっている。

け、自分の服や犬の毛にたくさんのひっつき虫がついているのに気づいた。これは野生のゴボウの実で、メストラルさんは家に持ち帰って顕《けん》微《び》鏡《きょう》でのぞいてみたという。すると、種《たね》についているトゲの先が、まがってかぎになっていることを発見。ひっつき虫が服や毛からはなれなかったわけは、かぎの部分がひっかかっていたからだ。これをヒントに何年もくふうをかさねた末に誕生《たんじょう》したのが「面ファスナー」だ。日本ではマジックテープという商品名で知られる。

　面ファスナーをよく見ると、一方の面が無数のわっか（ループ）で、逆《ぎゃく》の面はひっつき虫のように無数のかぎ（フック）になっている。簡《かん》単《たん》につけはずしができるので、今では靴《くつ》やバッグから介護《かいご》用品、宇宙服《うちゅうふく》まで、いろいろなところに使われている。

食虫植物のウツボカズラ（17ページ参照）は、袋《ふくろ》の内側がつるつるすべるようになっていて、中に落ちた虫は、はいあがることができない。この構造《こうぞう》に注目したのが、アメリカの材料化学者、ジョアンナ・アイゼンバーグ教授《きょうじゅ》。ウツボカズラの袋《ふくろ》の内側は細かい凹凸《おうとつ》になっていて、表面からはすべりやすい液体《えきたい》が出ている。そこで教授《きょうじゅ》は、細かい凹凸《おうとつ》と潤滑油《じゅんかつゆ》を組みあわせて、二〇一一年に、すべる表面をつくる技術《ぎじゅつ》を開発した。この技術《ぎじゅつ》はSLIPS《スリップス》とよばれ、各方面で実用化への研究が進められたが、すべる状態《じょうたい》が長つづきしないという課題があった。そこで、日本のメーカーが開発したのが「セルロースナノファイバー」という、たいへん細かい植物繊維《せんい》を潤《じゅん》

ウツボカズラの内側は、つるつるとすべる構造《こうぞう》になっている。

滑油《かつゆ》と組みあわせる技術《ぎじゅつ》だ。これによって、一度塗《ぬ》るだけで、すべりつづける表面にすることが可能《かのう》となった。型《かた》にピッタリはめたものを簡単《かんたん》にはずせるコーティング剤《ざい》が開発されたほか、今後は、壁《かべ》やガラスのよごれをつきにくくするなど、表面がすべることでくらしに役立つものへの応用《おうよう》が期待されている。

最後に、植物と数学の不思議《ふしぎ》な関係について紹介《しょうかい》しよう。

花びらの数や葉のつき方などを見ていると、植物の形状《けいじょう》にはなんらかの法則《ほうそく》がありそうなものが多い。ヒマワリの種《たね》も、よく観察してみると、規則正《きそくただ》しいらせん状《じょう》になっているのがわかる。なぜそうなのかというと、種《たね》の一つひとつが、中心からきっちりと約一三七・五度ずつ、ずれながらならんでいるからだ。この角度を「黄金角《おうごんかく》」といい、黄金角《おうごんかく》でらせん状《じょう》に種《たね》をつけることによって、かぎられた面積に最大限《さいだいげん》の種《たね》をつけられるという。

種《たね》のならび方には、もうひとつの決まりごとがある。日本のヒマワリでは、らせん状《じょう》になった種《たね》のならびが、左回りに二十一列と右回りに三十四列、左回りに三十四列

ヒマワリの種《たね》の配列

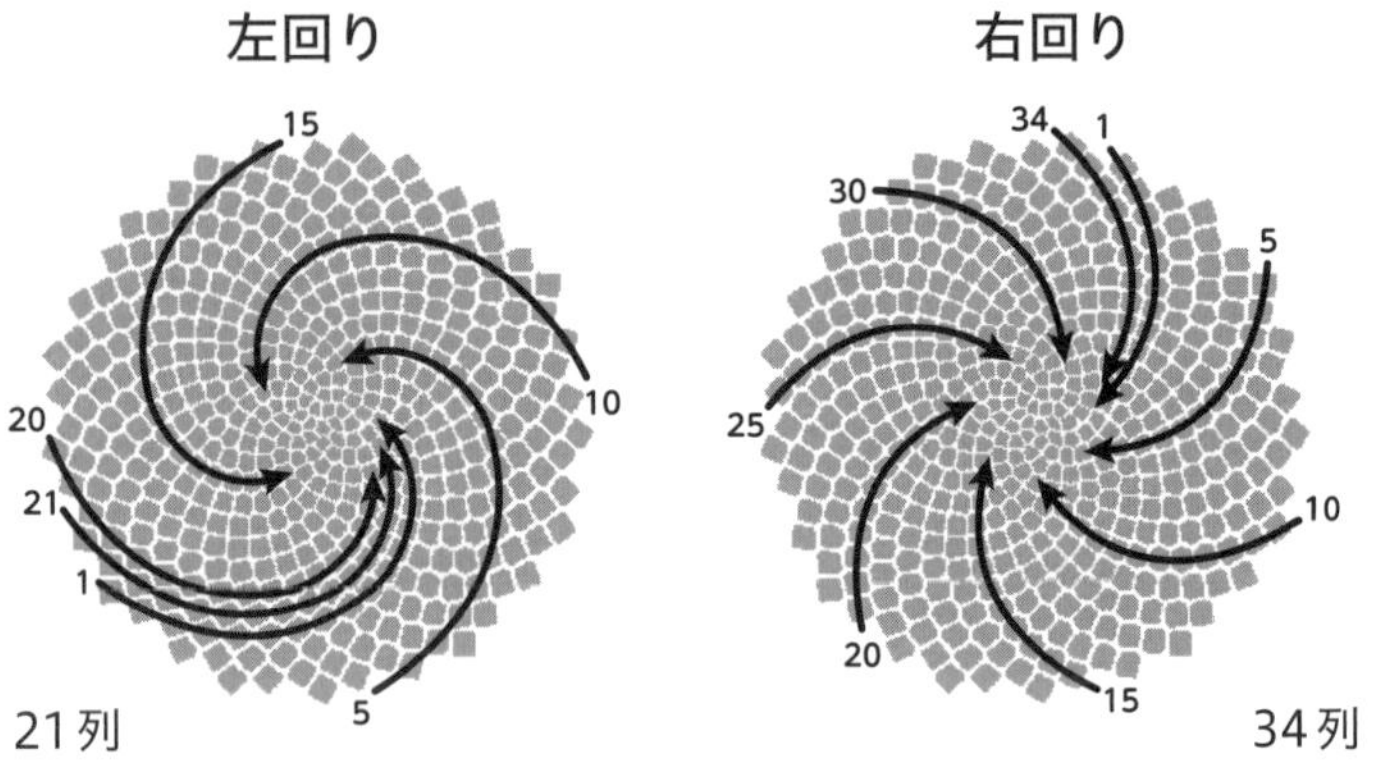

ヒマワリの種《たね》は、左回りと右回りの配列がフィボナッチ数列になっている。

と右回りに五十五列、左回りに五十五列と右回りに八十九列の三通りしかなくて、すべてのヒマワリがこのどれかになるという。

不思議《ふしぎ》なことに、これらの数字はどれもフィボナッチ数列となっている。フィボナッチ数列とは、最初の二つが一で、三つ目からは前の二つの数の和となっていく数のこと。一、一、二、三、五、八、十三、二十一、三十四、五十五、八十九……とつづいていく。十三世紀《せいき》、イタリアの数学者、レオナルド・フィボナッチが書物にあらわしたことからこうよばれる。

もちろん、植物であるヒマワリが、黄金角《おうごんかく》とかフィボナッチ数列のことを知っているはずはない。できるだけ多くの種《たね》を残そうと進化してきた結果、こうなったのだ。黄金角《おうごんかく》やフィボナッチ数列は、植物の花びらや種《たね》、葉のほか、松ぼっくりやパイナップルなど、自然界のいろいろなところで見つけることができるという。

このように、ヒマワリの種《たね》はたいへん効率《こうりつ》よくならんでいるので、きめ細かい水が均一《きんいつ》に出るシャワーヘッドや、ドラム式洗濯機《せんたくき》のふたにつける突起《とっき》などに、ならび方の数や形が応用《おうよう》されている。進化の末にたどり着いた植物の形状《けいじょう》には、バイオミメティクスのヒントがかくされているかもしれない。

植物が世界を救《すく》う

温暖化防止《おんだんかぼうし》から衣・食・住まで

植物は光合成により、二酸化炭素《にさんかたんそ》（CO_2）を取り入れて、糖《とう》やデンプンなどの炭水化物にかえ、酸素《さんそ》を出している。わたしたち人間をふくむ動物は、酸素《さんそ》を吸《す》って二《に》酸化炭素《さんかたんそ》をはきだすばかりだが、植物は、地球上でほぼ唯一《ゆいいつ》、二酸化炭素《にさんかたんそ》を吸収《きゅうしゅう》する生き物だ。

そもそも、地球ができてまもない四十数億年前、地球は二酸化炭素《にさんかたんそ》におおわれていた。その後、海ができたことで二酸化炭素《にさんかたんそ》は海に吸収《きゅうしゅう》されはじめる。さらに、光合成をする生物が登場した結果、大気中の二酸化炭素《にさんかたんそ》はへり、酸素《さんそ》がふえていった。わたしたちが酸素《さんそ》を吸《す》って生きていられるのは、光合成をする植物や藻類《そうるい》が地球上でふえてきたおかげなのだ。

光合成の仕組み

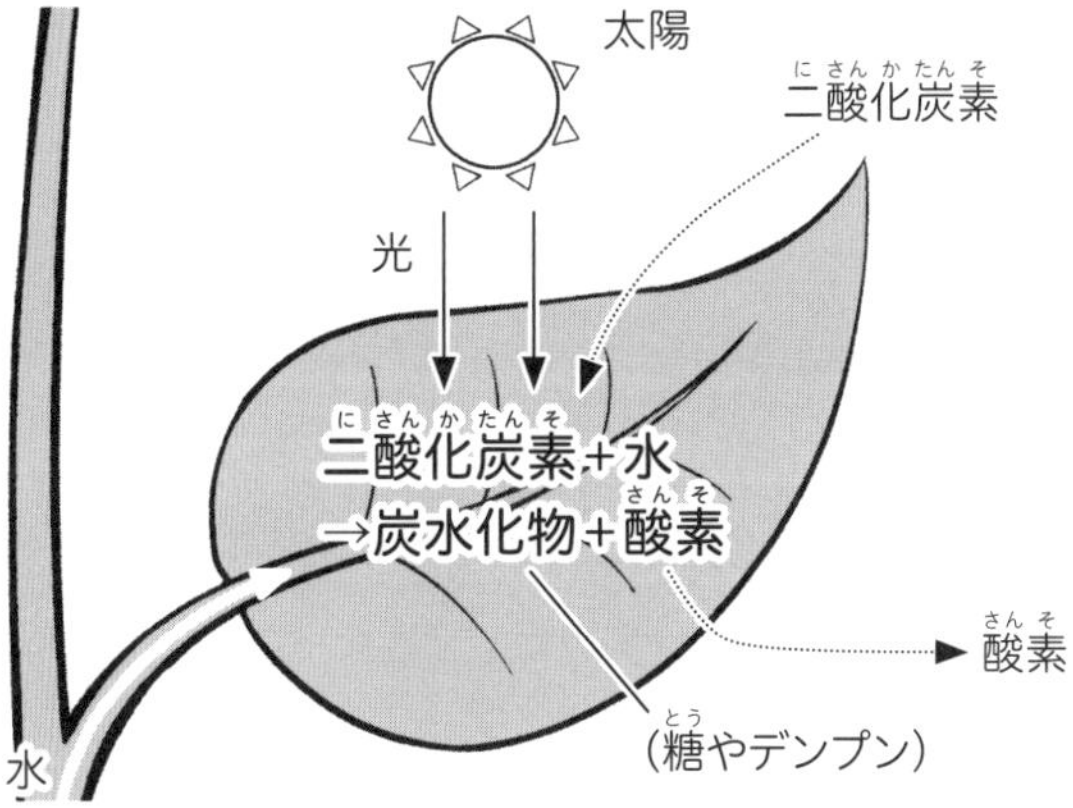

太陽の光があたると、植物は二酸化炭素《にさんかたんそ》を吸収《きゅうしゅう》して酸素《さんそ》を出す。

植物や動物の死骸《しがい》が長い年月をかけて化石となり、堆積《たいせき》したものが石炭や石油などの化石燃料《ねんりょう》だ。植物はここでも人間の役に立ってきた。だが、化石燃料《かせきねんりょう》を燃《も》やすと大量の二酸化炭素《にさんかたんそ》を放出する。十八世紀《せいき》にイギリスで産業革命《かくめい》が起こって以来、世界中で化石燃料《ねんりょう》を燃《も》やしつづけたことで、大気中の二酸化炭素《にさんかたんそ》の濃度《のうど》は高くなりすぎてしまった。これが地球温暖化《おんだんか》の原因《げんいん》のひとつといわれている。そこで、バランスをくずした二酸化炭素濃度《にさんかたんそのうど》を正常《せいじょう》にもどすため、ふたたび注目されているのが植物の力だ。

南米にあるアマゾンのジャングルは世界最大の熱帯雨林で、大量の二酸化炭素《にさんかたんそ》を吸収《きゅうしゅう》し、酸《さん》

森の役割《やくわり》

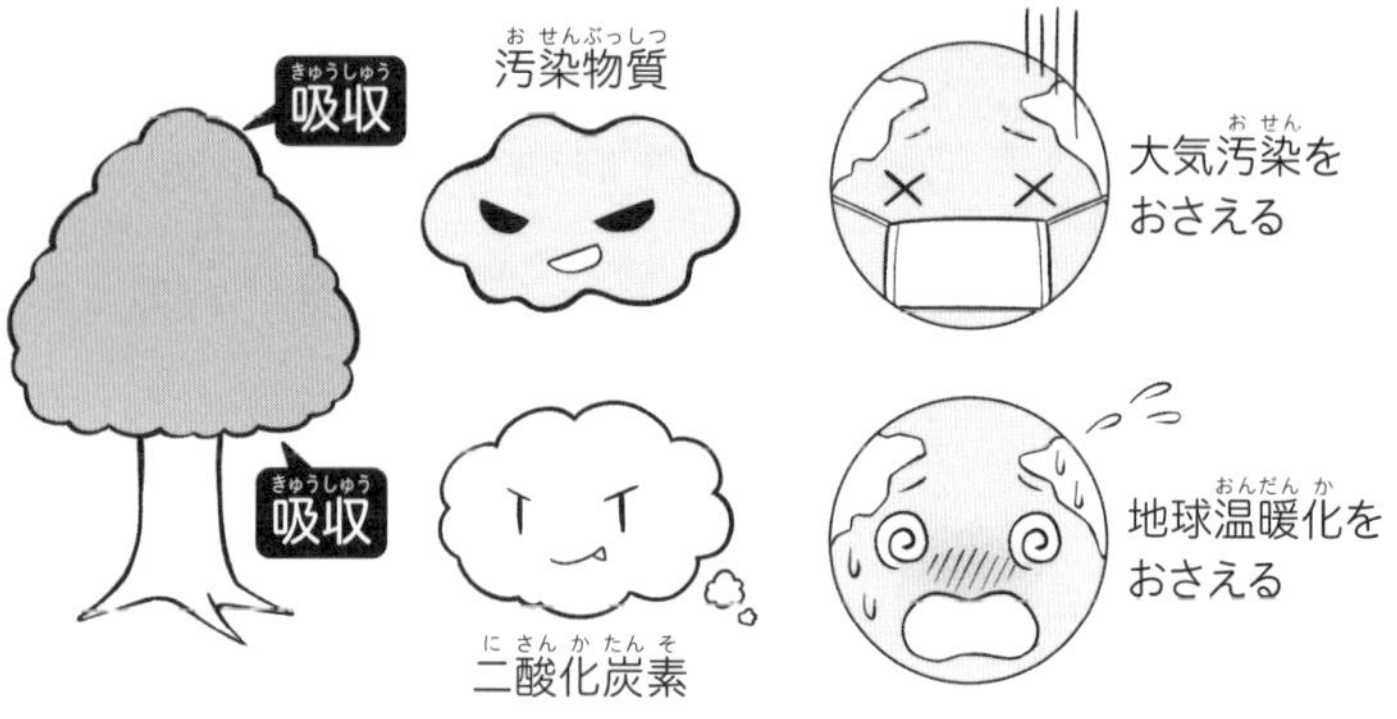

森には、大気中の汚染物質《おせんぶっしつ》と二酸化炭素《にさんかたんそ》を吸収《きゅうしゅう》するはたらきがある。

素《そ》を放出することで地球をささえてきた。二酸《にさん》化炭素《かたんそ》の吸収量《きゅうしゅうりょう》は、世界の森林全体の四分の一に相当するといわれる。しかし近年、開発のための森林伐採《ばっさい》と異常気象《いじょうきしょう》による森林火災《かさい》がアマゾンをおびやかしている。このままほうっておけば、森の乾燥化《かんそうか》が進み、世界の気候にますます悪影響《あくえいきょう》をおよぼすようになるだろう。アマゾンのゆたかな熱帯雨林を守ることは、大量の二酸化炭素《にさんかたんそ》を吸収《きゅうしゅう》して温暖化《おんだんか》を食いとめることにつながる。それだけでなく、森は大気汚染《おせん》物質《ぶっしつ》を吸収《きゅうしゅう》することでも知られる。そこでアマゾンでは、荒《あ》れた大地をよみがえらせるため、新たに植樹《しょくじゅ》をするなどの取り組みがはじまっ

世界最大の森、アマゾンは大量の二酸化炭素《にさんかたんそ》を吸収《きゅうしゅう》してくれている。

ている。アマゾンの森の再生《さいせい》は地球全体の課題なのだ。世界の熱帯雨林でも同様の対策《たいさく》が進められている。

植物の集まりである森は、それ自体で大量の炭素《たんそ》を長期間ためる機能《きのう》を持っている。生きている木、一生を終えて枯《か》れた木、地面に積もった落ち葉や枝《えだ》、それらが朽《く》ちて土になった部分にも、大量の炭素《たんそ》がたくわえられている。炭素《たんそ》は空気中の酸素《さんそ》と結びつくと二酸化炭素《にさんかたんそ》になる。しかし、森の炭素《たんそ》は分解《ぶんかい》されにくいため、長期間とどまりつづける。日本では一年間に放出される二酸化炭素《にさんかたんそ》の十倍もの炭素《たんそ》が、森全体にとどまっているという。森は、二酸化炭素《にさんかたんそ》を吸収《きゅうしゅう》

するだけでなく、たくわえることでも、地球温暖化《おんだんか》に歯止めをかける存在《そんざい》となってい
るのだ。
さて、つぎは別の面から森の役割《やくわり》を見てみよう。森はゆたかな水のふるさとであり、
生き物のサイクルにとっても母体となる場所だ。木や草が枯《か》れて地面に積もると、栄
養たっぷりの腐葉土《ふようど》となる。腐葉土《ふようど》はやわらかく、スポンジのように水をふくむため、
降《ふ》った雨がしみこむ。森は水をためるバケツのような役目をはたし、大雨のときは洪《こう》
水《ずい》をふせぎ、雨が降《ふ》らなくても川が干上《ひあ》がることはない。そして、長い時間をかけて
地中をとおった水は川へ、海へと流れ出る。この水は栄養豊富《ほうふ》なため、プランクトン
や小魚をやしない、海では、より大きな魚がそれらを食べて……と命のサイクルがつ
ながっていく。川や海の魚もまた、森にささえられているのだ。
また、近年は大雨による自然災害《さいがい》が問題になっている。しかし、樹木《じゅもく》が健全に育っ
ている森では、土砂《どしゃ》くずれが起こりにくい。しっかりはった根が土をつなぎとめ、森
の保水力《ほすいりょく》を高めているからだ。これに対して、森林伐採《ばっさい》が進んだ山では、大雨で降《ふ》っ

芭蕉布《ばしょうふ》の原料となるイトバショウ（リュウキュウバショウ）の木。

た水は行き場を失い、土砂《どしゃ》くずれや鉄砲水《てっぽうみず》などの災害《さいがい》が起こりやすくなる。森はたくさんの生き物をはぐくみ、自然災害《さいがい》からも、わたしたちのくらしを守ってくれている。

ここまでは大きな自然と植物について見てきた。つぎは、より身近な資源《しげん》としての植物の話をしよう。人間はいろいろな植物から繊維《せんい》を取りだして衣服をつくってきた。木綿《もめん》（コットン）はワタ（30ページ参照）という植物から、麻《あさ》はアサという植物からつくられる。沖縄県《おきなわけん》に伝わる芭蕉布《ばしょうふ》はイトバショウの幹《みき》から、山形県《やまがたけん》に伝わるシナ織《おり》はシナノキという木の皮から、繊維《せんい》を取りだして織《お》る布《ぬの》だ。化学繊維《せんい》が豊富《ほうふ》にうみだされる現在《げんざい》でも、タケやトウモロコシ、カポック、ケナフなどから植物繊維《せんい》がつぎつぎと開発されている。

植物が育たない極地は別として、植物は食料としても重要だ。主食となる穀類《こくるい》や、野菜、果物《くだもの》にふくまれる炭水化物、ビタミン、食物繊維《しょくもつせんい》などは、生きるために必要な栄養素《えいようそ》だ。人間だけでなく、草食動物もまた植物を食べて生きている。肉食動物は、その草食動物を食べて生きている。わたしたちホ乳類《にゅうるい》にとって、植物はまさに命をはぐくむ食べ物といえる。虫と植物との関係はさらに密接《みっせつ》で複雑《ふくざつ》だ。大部分の植物は虫に蜜《みつ》を吸《す》わせるかわりに、花粉《かふん》を運んでもらって受粉《じゅふん》をおこなう。植物に産卵《さんらん》する虫は多く、孵化《ふか》した幼虫《ようちゅう》は葉などを食べて育つ。成虫になっても植物を食べる虫は多い。虫と植物だけで世界の生物種全体の約七割《わり》を占《し》めるといい、その共生《きょうせい》が、地球上にゆたかな生物多様性《せいぶつたようせい》をかたちづくっている。

植物は薬としても古くから利用されてきた。白くてかわいい花を咲《さ》かせるドクダミは、ジュウヤク（十薬）ともいい、多くの民間療法《りょうほう》に利用されている。乾燥《かんそう》させてお茶にすると、便秘《べんぴ》や高血圧《こうけつあつ》、アトピー性皮膚炎《せいひふえん》などに効果《こうか》があるという。アロエの葉の中のゼリー状《じょう》の部分は、やけどや切《き》り傷《きず》にあてると、なおりが早いとか。初期の風邪《かぜ》には、クズの根やショウガ、ネギなどが効《き》くといわれている。また、中国から伝わった漢方薬の原料として、いろいろな植物がもちいられている。

このように、わたしたちのくらしに欠かせない植物。木が豊富《ほうふ》にある日本では、住居《じゅうきょ》の材料としても、近代まで木造《もくぞう》が主流だった。床《ゆか》や壁《かべ》、天井に木を使うだけでなく、カヤなどを乾燥《かんそう》してのせた茅葺《かやぶ》きなど、屋根にも植物が使われていた。障子《しょうじ》にはる和紙は、コウゾやミツマタなど、植物の繊維《せんい》をすいてつくったものだ。世界にも植物を利用した驚《おどろ》きの家があるが、それはまた別の機会に紹介《しょうかい》しよう。

人間は植物のおかげで酸素《さんそ》を吸《す》い、植物をさまざまに利用して生きてきた。あまりにも身近な存在《そんざい》のため、とくに意識《いしき》しないことも多いが、じつはこの世界を救《すく》うカギをにぎっているのは植物なのだ。

おわりに

自由に動きまわれる虫や動物とは異《こと》なり、多くの植物は大地に根をはり、その場所で成長する。木や草がおいしげって日あたりの悪い場所でも、雨のほとんど降《ふ》らない砂漠《さばく》でも、植物は日光や水を求めて移動《いどう》することはできない。動けないことは、生き物にとってあまりにもつごうの悪い条件《じょうけん》だ。けれども、だからこそ植物は、その条件《じょうけん》を克服《こくふく》するために、進化の過程《かてい》でさまざまな変化をとげてきた。この本では、そんな驚《おどろ》くべき植物の生態《せいたい》を紹介《しょうかい》している。

ヒマワリは、太陽の動きにつれてみごとにつぼみの向きを変える。つる性《せい》の植物は、より多くの日光を浴びるために上へ上へとつるをのばす。また、サボテンは、ほんの少しの水分もむだにしないように特殊《とくしゅ》な形態《けいたい》や能力《のうりょく》を進化させてきた。

本書では、サルの顔そっくりのランなど、めずらしい姿《すがた》の植物も紹介《しょうかい》している。見た目だけでなく、虫をとらえて養分にする食虫植物や、虫がとまるとすばやく動いて花粉《かふん》をつける、ロボットのような仕組みを持つ植物もある。ビルの四十階もの高さに成長する木や、何千年も生きつづける木、また、百年に一度しか花を咲《さ》かせないものなど、想《そう》像《ぞう》をはるかに超《こ》える植物が世界にはたくさんあるのだ。

植物は、光合成によって二酸化炭素《にさんかたんそ》を吸収《きゅうしゅう》し、生き物に必要な酸素《さんそ》を出してくれる。さらに、わたしたちが生きていくのに欠かせない食べ物であり、宇宙食《うちゅうしょく》として注目される未来の食材でもある。本書でさまざまな植物の不思《ふし》議《ぎ》にふれ、物言わぬ植物が地球をささえていることに、思いをはせてほしい。

文　永山 多恵子（ながやま たえこ）

宮崎県生まれ。神戸大学文学部卒業。編集プロダクション、出版社勤務を経てフリーに。旅、音楽、生き物、社会福祉、カルチャーなど幅広いジャンルで活動する。取材・執筆した書籍は「きいてみよう障がいってなに？」シリーズ、「いろいろな性、いろいろな生きかた」シリーズ（以上、ポプラ社）、『スーパーマーケットで考える 食品の値段のひみつ』（教育画劇）、『はたらく犬たち 盲導犬・聴導犬・セラピードッグ ほか』『みんなで考えよう！「性」のこと 同意って何だろう？自分のきもちと相手のきもち』（以上、金の星社）ほか。

編集　ワン・ステップ
デザイン　妹尾 浩也
装画・挿画　久方 標

5分後に世界のリアル
摩訶不思議！ 植物のチカラ

初版発行　2025年2月

文　永山 多恵子
装画・挿画　久方 標
発行所　株式会社 金の星社
〒111-0056 東京都台東区小島1-4-3
https://www.kinnohoshi.co.jp
電話 03-3861-1861（代表）　FAX 03-3861-1507
振替 00100-0-64678
印刷・製本　TOPPANクロレ 株式会社

160P　18.8cm　NDC470　ISBN978-4-323-06354-6